フリーソフト TETDMで学ぶ 実践データ分析

―データサイエンティスト育成テキスト―

砂山 渡 【著】

コロナ社

まえがき

　コンピュータの発展と，深層学習による AI（artificial intelligence: 人工知能）の発展に伴って，データの利活用や，データサイエンティストの育成が急務となる時代がやってきた。社会で競争力をもって効果的に活動するためには，データ分析が欠かせなくなってきており，多くの会社や組織では，データ分析のための部署や部門を設立したり，データ分析が可能な人材を育成，採用する動きが加速している。

　一方で，比較的小規模な組織や，これまでデータの活用に力を入れてこなかった部署においては，データ分析に対する十分な知識を持たないまま，データ分析を敬遠していたり，データの活用方法を十分に検討していない段階でデータ分析ツールを導入するなどのケースも見られる。これらは，データ分析とはなにをすることで，どうすればデータ分析によって知識が獲得できるようになるのか，その一連のプロセスを正しく理解していないことによる。

　また，データ分析の能力はスキルであるため，車の運転やスポーツのように経験の積み重ねが重要になる。しかし，やみくもに経験を積み重ねてもスキルが獲得できるわけではない。著者もスノーボードの初心者の頃に，ひたすら練習していればそのうち滑れるようになるだろうと考えて雪山に通っていた時期があった。しかし 10 回くらい通ってもなかなか安定して滑ることができなかったが，一緒に滑っていた後輩に「後傾ですよ」と一言もらっただけで，自分の滑りの重心が後ろにあることに気づかされ，以降は「前に重心を持っていくこと」で安定して滑れるようになった。すなわちスキル獲得に向けては，本質となる知識を押さえたうえで，その知識を確認するように繰返しの経験を行うことが重要となる。

　そこで本書では，データ分析のプロセスと本質となる考え方を解説したうえ

で，フリーソフト TETDM（total environment for text data mining: テキストデータマイニングのための統合環境，テトディーエムと呼ぶ）を用いて，実践的な経験を積み重ねる手順を示していく。本書を読み終える頃には，データ分析は誰にでもできることを知り，データサイエンティストと名乗れるだけのスキルを身につけ始めていて，さまざまなデータ分析を試してみたいと考えていると確信している。

　本書を読まれる読者としては，(a) 文系理系を問わずこれからデータ分析を始めてみたい方（一般的な高校生や大学生），(b) 仕事にデータ分析の手法を採り入れたいと考えておられる方（一般的な社会人），(c) すでにデータ分析に取り掛かっていて，分析の流れや分析時の考え方を身につけたい方（データ分析業務に携わる社会人），などを幅広く想定している。本書はフリーソフト TETDM の利用を想定している部分もあるが，データ分析のスキルを身につけてもらうことを念頭に，分析時の考え方を幅広く説明している。そのため，(a) や (c) に該当する，まずはデータ分析の全体像を把握されたい方や，(b) に該当して分析の必要性に迫られているものの，いまは時間が限られている方などは，TETDMの利用は後回しにして，データ分析のプロセスと考え方を説明する箇所として，目次で星印（★）がついている節や項を重点的に読み進めていただければと思う。そのうえで，実際のテキスト分析ツールの実例として TETDM をご覧になられたり，あるいは実際に利用を試していただけるとよいと考えている。

　また，ポイントだけを抑えて確認されたい方は，1.3 節の「データ分析による意思決定プロセス」と，この節で説明される各プロセスの番号を表す，目次で (0) から (10) の番号がついている節をお読みいただくこともできる。特にこれらのポイントは，本書をご一読された後も，繰り返しご確認いただけると幸いである。

2020 年 1 月

砂山　渡

目　　　次

1.　データ分析による意思決定

2.　テキストデータマイニングのための統合環境 TETDM

3.　データ分析の目的の決定と分析データの準備

4.　TETDM によるデータ分析

5.　試行錯誤による分析結果の収集

6.　収集した結果の解釈と統合による知識創発

7.　TETDMによるデータ分析の実践と活用事例

目　　　　次

1 データ分析による意思決定

　われわれの普段の生活は**意思決定**の連続であり，なにを食べるか，なんの仕事をするか，どこに遊びに行くかなどはすべて意思決定である。この意思決定に際して，最も合理的なものや，最も自身の希望に叶うものを，意識的あるいは無意識的に選択している。

　しかし，その決定すべき内容が難しくなるほど，自分がすでに持っている知識のみからは適切な判断を下せない場合が出てくる。例えば，進学先や就職先を決定する場合や，結婚式場を選択する場合，あるいは海外旅行先を検討する場合には，友人，知人から情報を得たり，インターネットから情報を得るなどして，自身の知識を補ったうえで，より効果的な意思決定が試みられることが多い。

　この意思決定の参考になる情報を得るためには，できるだけ客観的で信頼性がある情報を得たいと考えるのが一般的で，客観的で信頼性がある情報を提供できる可能性があるのがデータ分析となる。

　本章では，意思決定の根拠を得るためのデータ分析の定義と意義，およびそのプロセスの全体像について述べる。

1.1 データとは★

　1　データの定義　まず本書における**データ**を，「電子的に収集，保存，伝達が可能な数字または文字による情報」と定義する。データの例としては，電子メールや SNS（social networking service）におけるメッセージのやり取り，店舗の売上げや顧客情報，インターネット上のニュース記事などが挙げられる。

　2　データの種類　データの種類は大きく，**数値データ**と**テキストデータ**とに分けられる（**図 1.1**）。

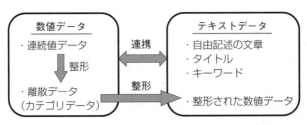

図 1.1 データの種類

数値データは，連続的な値を扱う実数や整数による値と，離散的な値を扱う
カテゴリデータとに分けられる。カテゴリデータは，例えば，カテゴリ（**属性**）
として「性別」を設定したうえで，そのカテゴリの要素（**属性値**）として「男」
「女」を設定し，そのいずれかの値をとるデータとなる。これを数値的な分析が
可能になるように，各属性値に数字を「男：1」「女：2」のように割り当てて，
分析用のデータとする。また，もともと連続的な値をとる実数や整数による数
値データをカテゴリデータに変換する場合もある。例えば，気温のデータにつ
いて，10°C 以下を「寒い：0」，10〜30°C を「普通：1」，30°C 以上を「暑い：
2」のようにカテゴリデータとして表現することもある。数値データをカテゴリ
データに変換する利点としては，データの取り得る値の種類を減らすことで，
コンピュータによる分析の負荷を減らせることや，データの傾向をパターン化
しやすくなること，また，分析結果として得られる知識を人間が把握しやすく
なることが挙げられる。

またテキストデータは，文章あるいは言葉で書かれたもので，電子メールや電
子掲示板の文章，アンケートの自由記述文やレビューコメント（口コミ），言葉
で書かれたキーワードや項目の集合などが該当する。先のカテゴリデータも，数
字ではなく文字として処理する場合にはテキストデータとなる。カテゴリデー
タをテキストデータとして処理することの利点は，テキスト分析の手法が適用
可能になる点が挙げられる。例えば，5 択の 5 問のアンケートデータの一人分の
回答について，問いと回答のペア「問 1-5」「問 2-3」「問 3-2」「問 4-2」「問 5-5」
のそれぞれを一つの単語とみなした 1 文として，「問 1-5, 問 2-3, 問 3-2, 問

4-2, 問5-5。」と記述することで，テキスト分析手法の入力データにできる[†1]。これにより，テキストからのキーワード抽出や重要文抽出などの手法を適用することができる。

実際的には，数値データとテキストデータがセットになっている場合がある。例えば，アンケートにおいて5段階評価の回答を行った後，その理由を自由記述で答える場合がある。この時，一人分のデータは数値とテキストの組合せになるため，これらを連携させた分析が望まれる。そのため，数値データをすべてテキストデータとして扱えるように変換するか，数値データとテキストデータを連携させて分析する枠組みが必要になる。

1.2 データ分析とは★

1　データ分析の定義　本書では，データ分析を，「データの背後に潜む，あるいはデータが得られるに至った，世の中の事象間の**因果関係**（または**相関**）を明らかにすること」と定義する。また，この世の中の「事象間の因果関係（または相関）」を**知識**として定義する（図**1.2**）。この，データ分析によって知識を得ることは一般に**データマイニング**と呼ばれ，この言葉は，データの中から知識を発掘する（マイニングする）ことに由来している。また，マイニングの対象をテキストデータに限る場合を**テキストマイニング**と呼ぶ[†2]。

すなわち，与えられたデータから「原因」と「結果」に相当する「知識の断片」を発掘し，発掘した「断片」を整理して統合することで「主要な原因」と「主要な結果」にまとめて，その主要な原因と結果からなる因果関係を知識とする。

2　データ分析の目的　データ分析は，人間の意思決定の判断材料とするために用いられる。例えば，株への投資を検討する人は，株価の変動データと投資先の候補となる会社のデータを入力したうえで，「会社がある特定の状況に

[†1]　実際には，「問1-5」や「問2-3」を一つの単語として登録したり，別の単語に置き換えるなどの処理が必要なこともある。

[†2]　従来の統計学をデータマイニングに含めたり，テキストマイニングをテキストアナリティクスと呼ぶこともある。

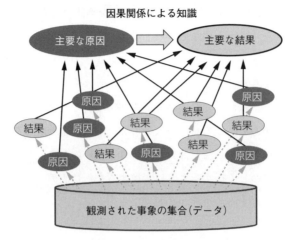

図 1.2　データ分析とは

ある（原因）と，その会社の株価が上がりやすい（結果）」という因果関係の知識を得ることを目指し，得られた知識に当てはまる会社に投資する，という意思決定を行いたいと考えている。

この隠れた因果関係は，そのデータ（例えば株取引）に長年携わる人であれば，経験的に知識を学習しており，それを日々適用している。しかし，人間の経験的な知識は，その知識を取り出して明示的に他人に伝えられない場合があることや，まだその人が知らない知識が存在する可能性があること，また現在の知識が不完全な場合があることなど，人間ならではの弱さも含んでいる。

そのため，分析の対象と考えられるデータに不慣れな人はもちろん，そのデータに慣れている人にとっても，客観的な知識の獲得に繋がるデータ分析を実践することは非常に重要であり，意思決定において効果的で納得できる選択をするためには欠かすことができない。

❸　データ分析を行わないデメリット　データ分析手法やデータ分析ツールに頼らなくても，独力で時間をかけてデータを分析すれば，十分な知識を得られると考える人もいるかもしれない。しかしこの考え方は，つぎの2点においてデメリットが生じる。

(a) 人力では得られない分析に有効な指標を参照することができない。

(b) 得た知識の客観性を確認することができない。

(a) は，人間が感覚的に把握できる情報には限界があることを意味する。例えば自由記述のアンケートなどのテキストデータを分析する際に，各単語が何回使われていて，どの単語とどの単語が同時に使われやすい，あるいは同時には使われない傾向があるかなどは，データ集合をいくら眺めても把握しきれるものではない。単語の使用傾向のみならず，データを評価するさまざまな指標について，人間がデータを眺めるときとは異なる切り口で提示される指標を用いられないことは大きなデメリットとなる。

(b) は，個人の考えには少なからず偏りが生じるため，個人の考えから得た知識の客観性を担保することは難しいことを意味する。テキストデータの分析においては，分析者が関心を持つ単語に目が留まりやすくなり，それらがたくさん使われているように見えたとしても，実際にはそれより多く使われている単語がほかにもあって，分析者の着目した単語が必ずしも特別な単語ではない，という可能性もある。意思決定の手前の段階で，分析結果になんらかの偏りを生じさせることは，望ましい結果をもたらす意思決定を妨げると同時に，特に複数人で分析結果を共有しながら意思決定を行う場面において，分析結果に対する客観的根拠を持たないことは，意思決定の結果に対する責任を背負うリスクを伴うことになる。

4 **データ分析を行うメリット**　世の中で**深層学習**による AI（artificial intelligence: 人工知能）が流行っているのは，データから学習したパターンをもとに，最も合理的な出力を与えることができるからであり，特にコンピュータ将棋や囲碁の世界においては，コンピュータの能力が人間を凌駕しており，人間の主観が入る余地がないことを示している。そのため，データ分析においてコンピュータから得られる多様かつ客観的指標を用いられることは，効果的な意思決定に向けての大きなアドバンテージとなる。

5 **データ分析の適用対象**　人間が行うデータ分析は，深層学習によるパターンの学習では対応できない問題の解決に用いられる。深層学習が適用でき

ない問題の多くは，例えば，恋愛相談における一般的な解決策を答える問題ではなく，特定の人に対するアプローチの方法を検討する場合などの，個別の対応が必要な問題となる。このような場合，パターンの学習のために多くのデータが集められないことはもちろん，客観的な指標を参考にしながら，データに反映されていない個別の状況に応じた判断が求められる。すなわちデータ分析においては，コンピュータによる客観的な指標と，人間の主観的な判断力とを組み合わせることが，最善の戦略となる。

1.3　データ分析による意思決定プロセス★

コンピュータによる客観的な指標の提示と，人間による試行錯誤や判断との組合せからなる，データ分析による**意思決定プロセス**を図 **1.3** に示す。本節では，このプロセスを知らない人が抱きやすい誤解と，人間とコンピュータの協

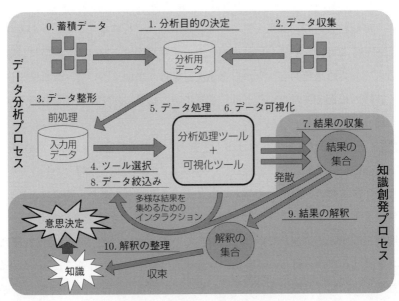

図 **1.3**　データ分析による意思決定のプロセス
（下線：おもに人間が担当するプロセス）

働作業により実現される本プロセスの概要について述べる。

1.3.1 データ分析による意思決定プロセスに対する誤解★

データ分析に不慣れな人は，図 1.3 のデータ分析による意思決定プロセスの全体像を把握していないため，人間の作業を必要としない「0. 蓄積データ」「5. データ処理」「6. データ可視化」の三つの項目がプロセスのすべてと誤解しているケースが多い。

1 **データ分析による意思決定プロセスへの誤解1**　　一つ目の誤解パターンとして，蓄積データをぽんと分析ツールに入力すると，すぐに使える知識を出力してくれる，すなわちコンピュータがすべての分析を自動的にやってくれる，と考えてしまうケースが挙げられる。このケースに当てはまった場合，意思決定プロセスの中で人間がするべき作業が見えていないこともあり，「とりあえず分析ツールを導入しよう。そしてツールを触れる担当者を一人くらいつけておけば問題ないだろう。」と考えてしまう。この場合，ツールが手元に導入されてから，ツール担当者がプロセス内のほかの項目の存在や重要さを知り，多大な苦労をすることになる。ここで大事なことは，コンピュータ任せでは有効な知識は得られない，ということである。

2 **データ分析による意思決定プロセスへの誤解2**　　二つ目の誤解パターンとして，データ分析のためのツールは，**統計学やデータマイニングの専門知識**がないと使うことができず，素人が適当にやっても結果を得られるものではない，と考えてしまうケースが挙げられる。このケースに当てはまった場合，「データ分析ができる専門家を雇おう，あるいはデータ分析を外注しよう。」と考えてしまう。これは，あらかじめデータ分析スキルを有する人と連携する，という意味では間違っていないが，データ分析の専門家は一般的にデータの背景知識を有さないため，ありきたりの現状把握の分析にとどまりやすく，より深い洞察や新たな知見の獲得には繋がりにくい。ここで大事なことは，データを活用したい人が積極的に分析に関わらないと，有効な知識は得られないということである。

3 **誤解を避けた有効なデータ分析**　これらの誤解を避けた有効なデータ分析のためには，以下の3点が重要になる。

(a) データ分析のプロセスの全体像を理解している人が分析に関わる。

(b) データの意味がわかる，データに直接携わっている人が分析する。

(c) 分析ツールの詳細な動作原理よりも，ツールの入力，処理，出力の意味を理解する。

(a) は一つ目の誤解パターンに関連して，データ分析はコンピュータと人間が一緒に行う必要があることを指す。(b) と (c) は二つ目の誤解パターンに関連して，データ分析を他人任せにするのではなく，自らが分析に積極的に関わる意識を持つこと，また，分析手法についての専門知識よりも分析手法の意味の理解が大事であることを指す。

4 **分析ツールの意味理解と信頼度の把握**　分析ツールの意味理解とは，「ツールがなにを評価して，なにを出力するかを定性的な言葉で理解すること」であり，例えば2種類の数値データの「相関係数」を計算する場合において，その詳細な計算式の理解より，「出力される値が大きくなるほど二つの数値データの相関が強くなる（たがいに関係している）」という意味を理解していることのほうが，分析には不可欠となる。

分析ツールの意味理解と同時に，分析ツールの出力の信頼度を伝聞などにより理解し，分析ツールの出力がどの程度の客観性を持つかを把握しておくことも重要となる。しかし，ツールの出力の信頼度が，絶対的な基準で与えられることはあまりない。信頼度の多くは，その分析手法が世の中でどれくらい用いられているか，手法の開発時に発表された論文の中での精度がどのくらいだったか，またこれまでにその手法が用いられた状況においてどのような評価が与えられているかなどをもとに，人間による定性的な評価で与えられる。

分析ツールの出力の意味と信頼度を把握できれば，そのツールについて8割程度理解したと考えてもよく，詳細な動作原理の理解は後回しにできる。残り2割の理解を埋めるために，詳細な動作原理の理解に努めてもよいが，実装内容を記述した学術論文を参照したり，実装のアルゴリズム（実際のプログラム）

を理解することは一般に困難である。その理解にかける労力が分析結果の向上に繋がることが期待される場合には努力してもよいが，多くの場合は，分析手法とその信頼度についての定性的な理解があれば十分と考えてよい。

5　**分析ツールの信頼度と思考の幅**　　ここで気をつけたいことは，ツールの信頼度を把握する必要はあるが，ツールの信頼度は必ずしも高くなくてもよいということである。ツールの信頼度が高いということは，確実な結果のみを出力するということになり，周知の事実であったり，ある意味当然の結果が出力される可能性が高くなる。そのため，データ全体の傾向を把握する現状確認のための分析であれば，信頼度が高いツールのみを用いることが望まれるが，新しい発想を得て新しいアイデアに繋げるための分析であれば，多少の信頼度を犠牲にしてでも幅広い可能性を探ることができるツールが役に立つ。すなわち，ツールの信頼度と**思考の幅**との間にはトレードオフ（片方を重視すれば他方が足りなくなる）の関係がある。

ツールの信頼度は，およそツールの出力の確からしさを表す精度，あるいは間違いが起こらない確率として捉えることができる。そこで例えば，メールの文章から相手が自分に抱いている好感度を70%の精度で判定できるツールや，将来的に流行する可能性がある分野のキーワードを精度10%の確率で出力してくれるツールがあったとする。つまりこれらのツールは，それぞれ30%と90%の確率で結果が誤りとなるため，信頼度は決して高いとはいえない。しかし，前者は通常目に見える数値として表現されることが少ない好感度を出力することができ，後者は非常に多くのものの中からヒット商品の開発の可能性を探るための情報を提供できる。すなわち，これらのツールは信頼度が高くないながらも，データ分析者に判断材料となる情報を提供することができるため，思考の幅を広げることができる。逆に信頼度が高いツール，例えば市販のデータ分析ツールや，統計の検定による結果のみを用いて，信頼度が高くないツールを用いない場合，その結果の信頼度と引き換えに，獲得できる情報による思考の幅が狭められる。そのため，用いるツールの信頼度を理解したうえで，さまざまなツールが利用できることが望ましい。

　信頼度が必ずしも高くないツールの例としては，学会発表がなされているものの，論文として学術雑誌には未掲載の手法や，学術論文に掲載されている手法であってもその精度が必ずしも高くなかったり，ツールとして一般公開がなされていない手法，そのほかには個人で作成し公開しているツールなどが該当する。

1.3.2　データ分析による意思決定プロセスの概要★

1　データ分析による意思決定プロセス　　データ分析のためのプロセスは，データマイニングという言葉が使われ始めた 1996 年頃に Fayyad らが，データを入力した後，「データ選択」「前処理」「データ変換」「データマイニング」「解釈・評価」という五つの処理の後に知識に至る流れを示している[1][†1]。図 1.3 に示すデータ分析による意思決定プロセスは，Fayyad らによる処理の流れを精緻化したものとなっている[†2]。

　このプロセスは，意思決定の判断根拠となる知識を得るまでの 11 の項目からなり，前半の「0. 蓄積データ」から「8. データ絞込み」まではデータを分析する「データ分析プロセス」として，後半の「7. 結果の収集」から「10. 解釈の整理」まではデータの分析結果を解釈して知識に繋げる「知識創発プロセス」として位置づけられる。

2　データ分析プロセス　　データ分析プロセスは，データを用意してから，データからわかる事実を集めるまでの流れを表す。「0. 蓄積データ」で手元に蓄積されているデータを参照しながら，「1. 分析目的の決定」で分析の目的を定める。決定した目的に対して，分析に必要なデータが蓄積データのみでは不十分な場合，「2. データ収集」で分析に必要なデータを集める。集めたデータを「3. データ整形」で分析ツールに入力可能な形式に整形する。「4. ツール選択」で分析に用いるツールを選択し，「5. データ処理」と「6. データ可視化」でデー

[†1]　肩つき数字は，巻末の引用・参考文献の番号を示す。

[†2]　ただし，「前処理」と「データ変換」は，本書のプロセスでは「3. データ整形」としてまとめられている。

タ分析処理とその結果の可視化を行う。「7. 結果の収集」で分析結果の中で注目する結果を集める。「8. データ絞込み」は，より多様な結果を集めるための試行錯誤の一つの方法として行う。

3 **知識創発プロセス**　　知識創発プロセスは，データから得られた事実の集合を，意思決定に活用できる知識としてまとめるまでの流れを表す。「7. 結果の収集」で知識創発のもとになる結果を集め，「8. データ絞込み」によって結果の傾向を探りながら，「9. 結果の解釈」で結果を解釈する。最後に，「10. 解釈の整理」で集めた解釈を整理して，知識としてまとめる。

なお，「7. 結果の収集」はデータ分析プロセスの出力であると同時に，知識創発プロセスへの入力となること，ならびに，「8. データ絞込み」は「7. 結果の収集」と「9. 結果の解釈」の両方のために用いられることから，「7. 結果の収集」と「8. データ絞込み」は両プロセスに関わる項目として位置づけている。

4 **人間が行うべきプロセス**　　図 1.3 のデータ分析による意思決定プロセスにおいて，コンピュータが自動的に行ってくれない，人間の知的な思考と作業が必要となる項目を下線で示している。全部で 11 の項目のうち，最初のデータが自動的に蓄積される項目「0. 蓄積データ」と，入力データをツールが処理して可視化する項目の「5. データ処理」と「6. データ可視化」以外は，人間の思考と作業が必要になる。特に後半の知識創発プロセスは，すべて人間が担当することになっており，データ分析に不慣れな人は知識創発プロセスの存在自体を見落としていることがある。

本書では，以降の各章の中で，データ分析による意思決定プロセスの各項目について詳しく説明する。特に，フリーソフトの TETDM（total environment for text data mining: テキストデータマイニングのための統合環境，テトディーエムと呼ぶ）を用いて，各項目のより深い理解に向けた分析を実践しながら，データ分析が行える力を身につけられる説明を行う。

1.4 データサイエンティストとは★

1　データサイエンティストの定義　データサイエンティストとは,「デー
タ分析による意思決定プロセスの全体を把握したうえで,人間が行うべき作業
をすべて遂行できる人」を指す。ここで重要なのは,プロセス中のいずれかの
項目に秀でていることよりも,簡単にでもすべてのプロセスを通して実行でき
ることである。多くの人と連携してデータ分析を行う場合には,各項目に秀で
ている人を集めることもできるかもしれない。しかしそれは,データ分析を実
現できたとしても,そのうちの誰かがデータサイエンティストということには
ならない。また多くの場合,人数をかけて連携を取りながらデータ分析を行う
ことは難しく,複数人で連携する場合においても,一人でも二人でもプロセス
の全体を把握しているデータサイエンティストが加わると,効果的なデータ分
析を実現しやすくなる。

2　データサイエンティストと背景知識　逆に,データサイエンティスト
では十分な考察を行えない部分もある。データサイエンティストがデータに関
する現場の**背景知識**を持っていない場合,なにに着目して結果を集めるべきか,
なにに着目してデータを絞り込むべきか,得られた結果はなにを意味している
のか,得られた結果をまとめる際の共通点はなにかなどを独力で考えることは
できない。そのため,有効な知識を得るデータ分析を実現するためには,つぎ
のいずれかが必要となる。

(a) 現場の背景知識を有する人が,データサイエンティストになる。

(b) データサイエンティストが,現場の背景知識を身につける。

(c) 現場の背景知識を有する人が,データサイエンティストと連携する。

図1.4に,データサイエンティストと現場の人の連携によるデータ分析の図
を示す。データサイエンティストはデータ分析の知識を,現場の人は現場の背
景知識を有するが,データ分析を遂行するためには,この両方の知識が欠かせ
ない。そのため,上記の (a) や (b) のように,データサイエンティストと現場

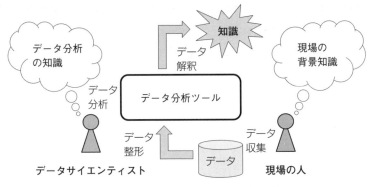

図 1.4　データサイエンティストと現場の人の
　　　　連携によるデータ分析

の人のいずれかが他方の知識を身につけるか，(c) のように両者が連携する必要
が生じる。

3　データサイエンティストになるための再教育　　(a) は，データを活用
したい組織の人が，大学などが開催する社会人向けのリカレント（学び直し）
教育の講座を受講することによって，データ分析手法を学ぶ場合に相当する。
データ分析の必要性を感じる人が，学び直しの意欲を持つことは非常に重要な
ことである反面，なにを学ばないといけないかを理解せずに受講を決めてしま
うことは望ましくない。少なくともデータ分析による意思決定プロセスの全体
を理解したうえで，受講する講座がそのプロセスの全体を学べるのか，一部の
分析手法の理解に特化した内容となっているのかをあらかじめ見定めておく必
要がある。プロセスの全体を学んでいない人が，一部の分析手法のみを学んだ
としても，データ分析により知識を得られるようにはならない。

4　現場での活躍に向けたデータサイエンティストの育成　　(b) は，大学
などでデータ分析を学んだ人が，その技術を生かすべく，企業に就職してデー
タ分析を実践する場合に相当する。専門とする分析対象データを定めないでデー
タ分析のみを学ぶ場合に気をつけるべき点として，データ分析による意思決定
プロセスの深い理解に繋がるように，意欲的に深く考察できるデータを用いて
データ分析の経験を積み重ねることが大事になる。例えば，分析者がすでに多く

の背景知識を持っているデータとして，分析者の興味や趣味に強く関わるデータを題材とすることが望まれる。

5 **データサイエンティストとの連携**　(c) は，データ分析を専門とする企業や大学内のデータサイエンティストと，データ分析を必要とする組織とが連携する場合に相当する。連携にもいくつかのパターンがあると考えられるが，データ分析を外注する場合，分析が可能な形式でデータを渡したうえで，データ分析による意思決定プロセスの「4. ツール選択」「5. データ処理」「6. データ可視化」「7. 結果の収集」を実行し，その結果が返されるパターンが想定される。この場合，知識創発プロセスは組織側の人が実施する必要があり，「1. 分析目的の決定」により決定される分析の目的を，あらかじめはっきりと伝えておく必要もある。すなわち，分析を依頼する組織側の人間も，データ分析による意思決定プロセスを理解しておく必要があり，(a) のリカレント教育を受講しておくことが望まれる。それにより，4. から 7. の項目においても，分析の観点を伝えるなど積極的に分析に関わることができ，より効果的な分析結果を得ることが期待できる。

なお本書を最後まで読まれ，データ分析による意思決定プロセスを実践的に学ばれた読者は，データサイエンティストとしての歩みを始められることと思う。本書を足がかりとして，本書で述べられていないデータ分析手法の知識や動作原理を，新たにリカレント教育などを通じて学んでいくことで，学んだ分析手法の本プロセスにおける位置付けを正しく認識できるようになり，分析で獲得できる知識の質を高めていくことができると期待される。

1.5　データ分析に必要な知識とスキル★

1 **データ分析による意思決定プロセスにおける人間の作業**　データ分析による意思決定プロセスの各項目において，人間が行う作業は以下のようにまとめられる。特に，「7. 結果の収集」「9. 結果の解釈」「10. 解釈の整理」の太字で示す部分が，知識獲得のための重要な作業となる。

0.　蓄積データ：手元に存在するデータを確認する。

1.　分析目的の決定：なんのために分析を行うかを決定する。大きくは，「現状の把握」と「新しいアイデアの生成」のいずれかの方向性を決定する。

2.　データ収集：決定した目的に対して，不足しているデータを収集する。

3.　データ整形：収集したデータを，分析ツールに入力可能な形式に変換する。また分析に用いる単語，不要な単語を検討する。

4.　ツール選択：分析の目的の達成に関係しそうなツールを選択する。

5.　データ処理：選択したツールが分析処理を行う。必要に応じて処理ツールの設定変更や操作を行う。

6.　データ可視化：選択したツールが可視化処理を行う。必要に応じて可視化ツールの設定変更や操作を行う。

7.　結果の収集：分析結果を眺めて，基準や平均からのずれが生じている箇所，ずれが大きい箇所などの，**着目すべき結果を探す**。

8.　データ絞込み：着目すべき結果について，より詳しく調べるためにデータを絞り込む。

9.　結果の解釈：着目すべき結果に意味を与える。その**結果が得られた原因を推理する**。

10.　解釈の整理：収集した解釈を整理した統合解釈を生成し，**原因と結果を繋ぐ因果関係の知識を獲得する**。

❷　**データ分析による意思決定プロセスに必要な知識とスキル**　データ分析による意思決定プロセスに必要な知識（道具の知識，現場の知識）とスキル（探偵能力）は**図1.5**のようにまとめられる。**道具の知識**とは，分析ツールや分析手法に関する知識で，多くのデータサイエンスの講座や資料でよくとり上げられる内容となる。**現場の知識**は，データの対象領域（ドメイン）の知識や，社会・生活における一般常識，また現場や社会の経験に基づく直感からなり，データの分析結果を読み解くうえで必要な知識となる。1.6 節で述べる**探偵能力**は，分析結果からの気づき，一部のデータにのみ着目する探索，分析結果から法則性を導き出す帰納推論，分析結果と法則性から原因を探る仮説推論，

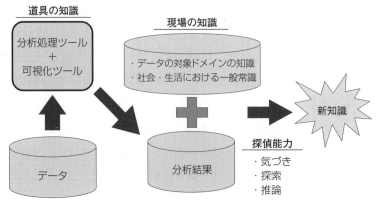

図 1.5 データ分析に必要な知識とスキル

分析結果から結論を導き出す演繹推論からなり，これらによって最終的な知識が導かれる。すなわち，道具の知識に加えて，現場の知識や探偵能力が重要であり，これらの組合せについて理解することが，データ分析によって知識を得るためには不可欠となる。

データ分析による意思決定プロセスの遂行に必要な知識とスキルを**表 1.1** に示す。ただし，必要な知識やスキルの程度を 3 段階（◎，○，△）で表し，それぞれに 20 点，10 点，5 点の点数を与えて合計点を計算している。

表 1.1 データ分析による意思決定プロセスの遂行に必要な
知識とスキル（◎：20 点，○：10 点，△：5 点）

項　目	道具の知識	現場の知識	探偵能力	合計点
0. 蓄積データ	×	×	×	0
1. 分析目的の決定	△	○	△	20
2. データ収集	△	○	△	20
3. データ整形	○	○	×	20
4. ツール選択	◎	×	×	20
5. データ処理	○	×	×	10
6. データ可視化	○	×	×	10
7. 結果の収集	△	○	◎	35
8. データ絞込み	△	○	○	25
9. 結果の解釈	△	◎	○	35
10. 解釈の整理	×	○	○	20
合計点	75	80	60	215

道具の知識の合計点は 75 点となり，プロセスの遂行に必要な 215 点の約 3 分の 1 にしかならない。現場の知識の 80 点は道具の知識の 75 点と同じくらい重要となっており，道具や現場の知識とは独立に，データから知識を導き出す探偵能力も 60 点でプロセスの一定の割合を占めている。

「7. 結果の収集」から「10. 解釈の整理」の知識創発プロセスの合計は 115 点で，うち 100 点は現場の知識と探偵能力が占めていることに加え，「0. 蓄積データ」から「6. データ可視化」のデータ分析プロセスの合計の 100 点をも上回っている。すなわち，7. から 10. の知識創発プロセスにおいては，現場の知識と探偵能力が重要であり，この両方を兼ね備えた人材がいなければ，十分な分析を行うことが難しくなる。

1.3.1 項で述べた意思決定のためのデータ分析のプロセスに対して誤解している人についても，表 1.1 に基づいて整理すると，このプロセスの全体像を知らない人，すなわち，「0. 蓄積データ」「5. データ処理」「6. データ可視化」の 3 項目しか見えていない人は，全プロセスの 10％ も見えていないことになる。

また分析対象となるデータを用意してデータ分析を外注する場合，この「4. ツール選択」から「7. 結果の収集」の作業を外注することになる。「4. ツール選択」から「6. データ可視化」については分析業者が作業することができるが，「7. 結果の収集」において，分析業者は現場の知識を有さないため，最終的に定型的な分析結果を提示することしかできない。そのため分析結果を引き継いで，「9. 結果の解釈」や「10. 解釈の整理」の作業を行う必要がある。

1.6　データサイエンティストと名探偵★

1.6.1　データ分析と探偵作業★

1 **データサイエンティストの役割**　データ分析とは，1.2 節 **1** で述べたように「データの背後に潜む因果関係を明らかにすること」であり，読者の中には推理小説を思い出した方もいることと思われる。**探偵**は推理小説の中で，事件の事実関係や現場の状況から証拠を集め，集めた証拠から隠された真実を

導き出す。データサイエンティストの役割は，データから得られる分析結果を証拠として集め，集めた証拠から隠された因果関係を導き出す名探偵になることに喩えられる。

例えばテレビ番組において，カーテンの陰に隠れている有名人を番組の出演者がみんなで当てる場面がある。これも一種の推理であり，有名人を表す特徴的なヒントが数多く出されるほど，答えに近づくことができる。データ分析においても，データの背後に隠された因果関係を導くのに役立てられる結果を一つでも多く集めることが大事となる。

2 **データ分析と気づき**　探偵は事件の真相を解明するために，事件の現場からさまざまな証拠を見出そうとする。その最初の段階で必要なのは，現場の状況に対する気づきとなる。目の前に大きな手がかりがあるにも関わらず，それに気づくことができなければ事件の解決には繋がらないだろう。また手がかりを得るためには，現場100回といわれる繰返しの試行錯誤も必要となる。

結果を集めるための第一歩も，分析結果に対する気づきとなる。いかに有効な分析ツールを用いていたとしても，その出力のどこに目をつけてよいかがわからなければ，結果の獲得には繋がらない。分析結果から手がかりを得るための試行錯誤と着眼点の獲得については，5章で詳しく述べる。

3 **データ分析と推理**　探偵は集めた証拠をもとに，推理によって事件の真相にたどり着く。推理によって，集めた証拠と存在する事実との間にある因果関係を推理する。推理に必要な推論には，演繹推論，帰納推論，仮説推論の3種類があり，以下のように説明される（**図1.6**）。

(a) **演繹推論**：いわゆる三段論法である。「鶏は鳥（前提となる事実）」と「鳥は飛ぶ（法則）」から「鶏は飛ぶ（結果）」を推理する。

(b) **帰納推論**：観測されたデータから，一般的に成り立つであろう法則を見出す。「鶏が飛ぶ（結果）」と「雀が飛ぶ（結果）」が観測されたときに，「鶏と雀は鳥（前提となる事実）」をもとに「鳥は飛ぶ（法則）」を推理する。

(c) **仮説推論**：観測された結果を導く仮説を立てる。「鶏は飛ぶ（結果）」が観測されたときに，「鳥は飛ぶ（法則）」をもとに，「鶏は鳥ではないかと

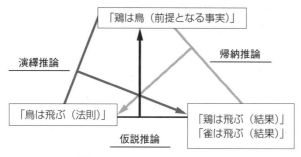

図 1.6 データ分析に必要な推論

　いう仮説（前提となる事実)」を推理する。

　データ分析の最初の段階で必要なのは帰納推論であり，得られているデータ（結果）から一般的に導き出される法則を見出す推理を行う。これは，データ分析により一つの結果を得る際にも，複数の分析結果をまとめる際にも用いられる。3.2 節で詳述するデータ分析の目的が，現状を把握するための分析であれば，帰納推論だけを用いて最終的な結果までまとめることもできる。また，新しいアイデアを得る目的の分析であれば，複数の結果をまとめる際に，演繹推論や仮説推論を加えながら独創的な結果を導くことが望まれる。

　④　背景知識と推理からの知識創発　推理は不確実さを伴うものであるため，多くの推理を挟むことで，結果に対する確実さは低下する。この確実さの低下を防ぎ，妥当な推理を行うために用いられるのが，本章で述べたデータに対する現場の背景知識となる。一方で，新しいアイデアを探すためには，ときには背景知識のない人の素朴な意見が有効になることもある。そのため，背景知識との適度な組合せにより，一定の確実さを保った推理を行うことが望まれる。

　これらの推理には，データ分析ツールによる出力も活用される。データ分析ツールの多くは，データからわかる法則（パターン）そのもの，あるいは法則に繋がる客観的な事実を出力する。このツールによる出力を人間が引き継いで，有効な法則を選別したり，汎用的な形式になるように法則を整える必要がある。この選別や整形が人間に期待される部分でもあり，背景知識が必要となる部分

でもある。この背景知識を含む推理による知識創発については，6章で詳しく述べる。

1.6.2 探偵作業に繋がるスキルとは★

5章で述べる試行錯誤においては「気づき」と「探索」のスキルが，6章で述べる知識創発においては「演繹推論」「帰納推論」「仮説推論」のスキルが重要になる。これらのスキルを身につけるために，普段から意識するとよい事柄について述べる。

1 気づきのスキル 気づきにおいて特に重要なのは，細かいことに気づくということである。一般的な性格の中では，「几帳面」な性格の人が，きちんとした状態からのちょっとしたズレや違和感に気づく能力に近い。例えば，「bbbbbbdbbbbbbbb」という文字列の中のdに気づいたり，「思考錯誤」という四字熟語を見て，なにかおかしいとか違和感を覚えることが大事である。

この気づきの感覚は，視覚によるイメージに基づくものとなるため，普段からいろいろな想像力を働かせて，物事を**イメージする力**が気づきに繋がると考えられる。イメージ力に関係する能力としては，漢字の読書きであったり，将棋，囲碁，オセロ，麻雀などの先を読んだり，構想を立てる必要があるテーブルゲームなどが挙げられるため，そのいずれかを極めるような練習が気づきの感覚を養うことに繋がると考えられる。

2 探索のスキル インターネット検索のように，膨大なデータの中から必要な情報を抽出するためには，すべてのデータではなく一部のデータにのみ着目する**探索**と呼ばれる操作が必要になる。

データを探索することは，データを条件によって絞り込むことに相当し，目的の情報と必要十分な関係にある条件を見出すことが大事になる。条件を与えるためには，データをどのように切り分けることができるかを考える必要があり，データ全体を俯瞰して，そのデータを分ける分類基準に気づくことが必要となる。普段の生活においては，コレクションしている書籍が多くなってきたときに，どのように分類して本棚に並べるかを考えることと同様に，なにかも

のが多くなってきたときに，それらをうまく**分類，整理する力**が探索スキルに繋がると考えられる。

③　演繹推論のスキル　　演繹推論とは，結果を導く推論であり，**論理的思考力**や先を読む力が必要と考えられる。目の前で起こった事実に対して，この事実があればつぎになにが起こるかを予想することに相当する。

将棋でも，よく「3手の読み」が重要といわれている。自分の指し手に対して，相手がどう指すかを読んで，そのつぎに自分が指す手まで考える，ということであり，自分の目の前にあるつぎの1手だけに着目するのではなく，相手の思考を含めて考えることが大事になる。これは，思ったことをいきなり行動したり発言するのではなく，その行動や発言によって，相手がどう思って，どう返してくるかを考えることにも似ている。このように，普段から「読み」を入れることが，論理的思考力を養うことに繋がると考えられる。

④　帰納推論のスキル　　帰納推論とは，複数の出来事を見て，その中に存在する法則性を導く推論であり，**法則を見抜く力**が必要と考えられる。法則とはすなわち「複数の出来事に共通に成り立つこと」を表し，帰納推論にはその共通点を見出す力が求められる。

目に見えて現れている共通点であれば見つけやすいが，隠されている共通点は，目の前の出来事を抽象的に捉えなければ見えてこないことも多い。すなわち，目の前の出来事を一歩引いた俯瞰による広い視野で眺めることと，目の前の出来事に関連する知識を想起できる類推や連想の力が大事になる。そのため，目の前に起こっている出来事や，対話における相手の発言について，その内容だけに着目するのではなく，その出来事を引き起こした原因や発話の意図を「意味」として捉え，その意味が似ている事柄を探すことを普段から心掛けることで，帰納推論の力を養うことができると考えられる。

⑤　仮説推論のスキル　　仮説推論は，目の前の結果に対して，それを引き起こした原因を推定する推論であり，さまざまな**可能性を検討できる力**が必要と考えられる。やみくもに仮説を立てると際限がなくなるため，実際に起こりうる原因に対する仮説を，背景知識をもとに列挙することが必要となる。

1. データ分析による意思決定

　事件や事故の調査を行う際には，まず原因に対する仮説を列挙したうえで，各仮説に対する検証を行って原因を絞り込んでいく。プログラミングにおいてエラーが出たときに，そのエラーの原因を探ることや，家の家電製品やコンピュータが期待通りに動作しなくなったときに，その原因を探ることにも相当する。そのほか普段の生活においても，期待する結果が得られなかったときに，その原因を「なぜ？」と考えることで，仮説推論の力を養うことができると考えられる。

●1章のまとめ●

　1章では，データ分析による意思決定に関わる以下の項目について学んだ。

(1) データとは「電子的に収集，保存，伝達が可能な数字または文字による情報」のことであり，データの種類は大きく，数値データとテキストデータに分けられること。

(2) データ分析とは「データの背後に潜む，あるいはデータが得られるに至った，世の中の事象間の因果関係（または相関）を明らかにすること」であり，人間の意思決定の判断材料とするために行われること。

(3) データ分析による意思決定プロセスは，全部で11の項目からなり，「データ分析プロセス」と「知識創発プロセス」とに分けられ，その多くの項目で人間の作業が必要となること。

(4) データサイエンティストとは，「データ分析による意思決定プロセスの全体を把握したうえで，人間が行うべき作業をすべて遂行できる人」を指しており，簡単にでもすべてのプロセスを通して実行できることが大事なこと。

(5) データ分析に必要な知識とスキルは，道具の知識，現場の知識，および探偵能力であり，これらの組合せについて理解することが，データ分析によって知識を得るためには不可欠であること。

(6) データサイエンティストの役割は，データから得られる分析結果を証拠として集め，集めた証拠から隠された因果関係を導き出す名探偵になることであり，「気づき」「探索」および「推論」のスキルが重要になること。

● 章 末 問 題 ●

【1】 データ分析とはなにをすることか説明してみよう。

【2】 データ分析のための意思決定プロセスを説明してみよう。

【3】 データ分析のための意思決定プロセスにおける人間の役割を説明してみよう。

【4】 データサイエンティストとはどんな人か説明してみよう。

【5】 データ分析に必要な知識とスキルを説明してみよう。

【6】 データサイエンティストと探偵との関係を説明してみよう。

【7】 データ分析に必要なスキルを身につける方法を説明してみよう。

2 テキストデータマイニングのための統合環境 TETDM

　本章では，1章で述べたデータ分析のための意思決定プロセスを実践するために，本書で用いるソフトウェアの **TETDM**（total environment for text data mining：テキストデータマイニングのための統合環境，テトディーエムと呼ぶ）について述べる。

　TETDM は，複数のテキストマイニング技術を柔軟に組み合わせて使える統合環境として，電子テキストを扱う多くのユーザの創造的活動を支援する目的で構築されたフリーソフトである。

　本ソフトウェアを構築するためのプロジェクトは，2010 年度に開催された人工知能学会全国大会における，5 年以内で社会貢献できる現実路線の人工知能技術を募集する企画「近未来チャレンジ」において採択され，その後毎年の評価を経て，2015 年度にプロジェクトの卒業が認定されている[2]。

　プロジェクトのメンバーも，最初は著者一人だけであったものの，趣旨に賛同される方が次第に集まり，卒業時のコアメンバーは総勢 13 名になっていた。卒業の認定に先立って，TETDM のバージョン 1.0 がフリーソフトとして公開され，その後約半年ごとにアップデートが重ねられ，2019 年 9 月時点でバージョン 4.30 が公開されている。

　これまでのダウンロード件数は，使い勝手が十分でなかった時代のものも含め，のべ 3000 件を超えており，コアメンバーとユーザの根強い支援に支えられながら，容易に使えるレベルまで完成度が高められてきている。

2.1　TETDMの構成

1　TETDM の基本構成　　TETDM の出力画面例を図 **2.1** に示す。ウインドウ画面は大きな三つのエリア（パネル）から構成されており，TETDM

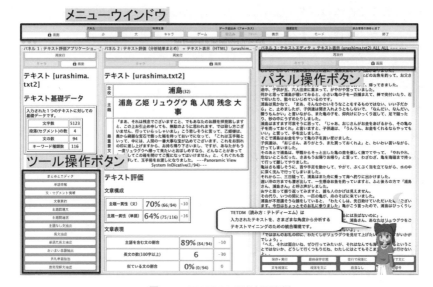

図 **2.1** TETDM の出力画面例

に用意されている約 60 種類の**処理ツール**と約 30 種類の**可視化ツール**の中から，1 種類ずつを各パネルに割り当てて使用する。処理ツールには，文章要約や文章分類などのツールに加え，単語の頻度計算，主語抽出，長文抽出などの基本的なテキスト処理のためのツールも含まれている。また可視化ツールには，ある処理ツールに特化した出力表示を行うものに加え，テキスト表示，表形式表示，ネットワーク表示などの基本的な可視化を行うツールが含まれている。

2 **TETDM の操作の種類**　TETDM に対する操作は，統合環境全体への操作，パネルへの操作，パネル内のツールの操作の三つに分けられる。統合環境全体への操作は，画面上部の**メニューウインドウ**にまとめられたボタンから行う。例えば，ファイルからのテキスト入力や，テキストの絞込み操作などを行う。パネルへの操作は，各パネル上部のボタンから行う。例えば，パネルにセットするツールを選択する，パネルの画面をキャプチャーするなどの操作を行う。パネル内のツールの操作は，パネル下部にあるボタン類や，パネル内部の領域に対するマウス操作により行う。例えば，パネル内のツールの出力

を切り替えるためのボタン操作や，パネルに表示されている出力から一つを選択するマウス操作などを行う。

2.2 TETDMの導入

1 **TETDM のインストール** TETDM の導入方法はいたって簡単で，**TETDM サイト**[†1]からソフトウェアを含む圧縮ファイル（例えば，tetdm-4.30.zip ファイル）をダウンロードして展開するだけであり，ソフトウェア自体のインストール操作を必要としない。これは TETDM が Java というプログラミング言語によって記述され，Windows や Mac といった OS に依存しない実行形式のファイルが作成されることによっている。

また，このようなテキストマイニング系のソフトウェアにおいては，文を単語に切り分けて品詞を特定するための**形態素解析器**のインストールを必要とすることが多い。しかし，TETDM は自然言語処理でよく利用される MeCab と呼ばれる形態素解析器とほぼ同じ出力を実現した Java によって書かれた Igo[†2]というフリーソフトを同梱して利用しているため，形態素解析器のインストールも不要となっている。

ただしコンピュータには，JRE と呼ばれる Java の実行環境があらかじめインストールされている必要がある。Java で動作するほかのソフトウェアのために，すでにコンピュータにインストールされていれば作業は必要ない。しかし TETDM が起動できない場合においては，Java の実行環境のインストール状況を確認のうえ，必要に応じてインストール作業を行っていただきたい。

2 **TETDM の動作環境** TETDM が動作するための動作環境（**表 2.1**）は，TETDM バージョン 4.30 においては，Java のバージョンが 1.8 以上で，実行時に必要なメモリを 1.5GB 確保できる必要がある。Java で動作するため OS には非依存であるが，Linux については積極的な動作確認を行っていない。

[†1] TETDM サイト：(URL) https://tetdm.jp（2019 年 12 月 5 日現在）
[†2] Igo サイト：(URL) https://igo.osdn.jp（2019 年 9 月 27 日確認）

表 2.1　TETDM の動作環境（バージョン 4.30 時点）

項　目	動作条件
動作 OS	Windows, Mac, (Linux)
メモリ	1.5GB 以上
TETDM のインストール	圧縮ファイルを展開するだけ
Java のインストール	必要（バージョン 1.8 以上）
形態素解析器のインストール	不要
ディスプレイの解像度	Full HD (1920 × 1080 pixel) 以上推奨

　また圧縮ファイルを解凍してできる TETDM のフォルダが，全角文字による日本語や半角スペースを含むフォルダ名の中にあると動作しないこともあるため，半角英数字による名称のフォルダに入れておくことが無難となっている。

　そのほか，出力を表示するためのディスプレイの解像度について，横幅 1920 ピクセル以上を推奨している。これは，異なる分析ツールによる出力結果を並列に表示して比較，連動させるために，できるだけ高い解像度が望まれることによっている。

2.3　TETDMの起動

　1　TETDM の起動方法　　TETDM は，TETDM の圧縮ファイルをダウンロード後に解凍してできるフォルダ（例えば tetdm-4.30）内の，バージョン番号付きの jar ファイル（例えば TETDM-4.30.jar）をダブルクリックすることで起動できる†。また，Windows の PC では，TETDM.bat ファイルのダブルクリック，Mac の PC では，TETDM.command ファイルのダブルクリックでも起動することができる。

　後者の起動方法は，コマンドプロンプトと呼ばれる命令を実行するためのウインドウを経由して起動するため，TETDM の操作時にツールが出力する内容や，なんらかのエラーが生じた場合のエラー内容を確認することができる。

---

†　Mac の PC でダウンロード直後に，「開発元が未確認のため開けません」といわれる場合は，ファイルを右クリック（Control キーを押しながらクリック）して「開く」を選択することで起動できる。

また，入力ファイルを起動時に与える方法として，テキストファイルを Windows の PC では TETDM.bat ファイルに，Mac の PC では TETDM.app ファイルにドラッグアンドドロップすることでも起動できる。そのほか，コマンドプロンプトを用いてコマンドで起動する方法については，TETDM サイトの情報を確認していただきたい。

2 **TETDM の起動モード**　TETDM の最初の起動直後から，すべてのツールや機能を使いこなすことは難しいと考えられるため，利用経験や利用目的に応じて，一部のツールや機能の利用を制限した四つの**起動モード**（**表 2.2**）が用意されている。

表 2.2　TETDM の起動モード（バージョン 4.30 時点）

モード	スーパーライト	ライト	通　常	拡　張
処理ツール数	22	29	38	60
可視化ツール数	12	16	19	34
開放されるおもな機能	データ絞込みゲームモード	キーワード設定	ファイル入力知識創発	

ダウンロード直後の TETDM はスーパーライトモードに設定されており，利用経験に応じてライトモード，通常モード，拡張モードと切り替えていくことを推奨している。モードの切替えは，画面上部のメニューウインドウ内の「モード」ボタンから行うことができ，このボタンで開かれるウインドウ内の，「現在の設定をファイルに保存」ボタンを押すと次回からの起動時の起動モードを保存できる。以下に，各起動モードを用いる場合の利用経験や利用目的の目安を挙げる。

(a)　**スーパーライトモード**：とりあえず簡単に試したい人，基本的なデータ分析を試したい人向け。

(b)　**ライトモード**：少し操作に慣れてきた人，入力単語の設定をして分析したい人向け。

(c)　**通常モード**：基本的な操作を理解してきた人，利用するツールの組合せを自分で考えて分析したい人向け。

(d)　**拡張モード**：操作にだいぶ慣れてきた人，さまざまなツールからデータ
分析の結果を幅広く集めたい人向け。

2.4　TETDM へのテキスト入力

本節では，TETDM への入力テキストの与え方について説明する。TETDM
における入力テキストは，**セグメント**（文章または段落），文，単語に分割され
て処理が行われる。そのため，これらの区切りを与える記号があらかじめ入力
テキストに挿入されている必要がある。初期設定では，セグメントの区切り記
号は「スナリバラフト」という文字列[†1]，文の区切り記号は全角の句点「.」ま
たは「。」に設定されている。なお，これらの区切り記号を変更する処理につい
ては 3.5.2 項で後述する。

１　**テキストのコピーアンドペーストによる入力**　　2.3 節で述べた起動
モードが，スーパーライトモードやライトモードの場合，処理ツール「テキス
トエディタ」がセットされたパネルへ入力テキストを**コピーアンドペースト**し
て，このパネルの下部にある「保存＋実行」ボタンを押すことで入力できる。
Web ページを閲覧しているときに，気になった文章を分析したい場合や，届い
たメールやこれから送ろうとするメールの文章を入力する場合には，この方法
を用いると簡単に入力することができる。

２　**ファイルからの入力と日本語文字コード**　　通常モードと拡張モードで
は，テキストのコピーアンドペーストによる入力に加えて，メニューウインド
ウの「ファイル」ボタンを押すと，テキストファイルからの入力が行える。テ
キストファイルの**日本語文字コード**は Shift-JIS または EUC を基本としてい
るが，入力時のオプションで文字コードを指定することで UTF-8 のテキスト
も入力できる[†2]。文書作成ソフトで作成した報告書などを入力したい場合には，

---

†1　造語。形態素解析によって既存の単語として認識されない文字列として用意した。
†2　TETDM のプログラムは，Java によって記述されているため，入力後のテキストはプ
　　ログラムの内部では文字コード UTF-8 の文字列として扱われる。

テキスト形式（一般的に拡張子が.txt のファイル）で保存したうえで，この方法を用いることができる。何度か繰り返して分析を行うことが想定される場合や，複数人で共通の分析を試みる場合には，ファイルからの入力が便利である。

3 **フォルダからのファイル入力**　拡張モードでは，メニューウインドウの「フォルダ」ボタンから，フォルダ内のすべてのテキストファイルを入力することができる。このとき，フォルダ内のテキストファイルの日本語文字コードは，すべて Shift-JIS か EUC のいずれかとなっているか，すべて UTF-8 である必要がある。すでにテキストファイルとして存在する報告書やアンケートデータをまとめて入力したい場合には，この方法を用いると簡単に入力が行える。TETDM が入力として扱えるファイルは一つだけであるため，フォルダ入力の場合，フォルダ内のファイルをすべて結合したファイル「フォルダ名.txt」が自動的に作成され入力として扱われる。このファイル結合の手間を省き，テキスト間の区切り記号（初期設定では「スナリバラフト」）を自動的に挿入してくれる点も利点の一つとなる。

4 **その他の形式のファイル入力**　TETDM には英語テキストの入力や，CSV 形式のテキストファイルを入力できるオプションも用意されている。TETDM は日本語テキストの分析に主眼をおいて構築されてきたため，英語やCSV 形式に対しては，最低限の入力と処理が可能な状態となっている。これらの詳細については，TETDM サイトの情報を確認していただきたい。

5 **TETDM における入力ファイルの取扱い**　図 **2.2** に TETDM における入力ファイルの取り扱われ方を示す。入力ファイルは読込み時に用いられると同時に，テキストの編集時に元の入力ファイルが改変されることがないように，入力ファイルをコピーしたファイル名「入力ファイル名」＋「2」のファイルを作成する。例えば，入力ファイル名が urashima.txt だった場合，urashima.txt2 というファイルが作成され，入力テキスト編集時の保存先として用いられる。

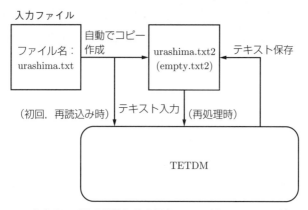

＊入力ファイルの読込み前の場合，ファイル empty.txt2 が
用いられる。

図 **2.2** TETDM における入力ファイルの取扱い

2.5 TETDM の操作方法の習得

TETDM の操作を学ぶ方法として，つぎの三つが用意されている。

(a) TETDM サイトにある説明書「TETDMGUIDE」（PDF ファイルとして提供されている）を確認する。

(b) TETDM を起動して「キャラクターアシストチュートリアル」を実施する。

(c) TETDM サイト内の「利用者向け情報」を確認する。

(a) の TETDMGUIDE には，最も端的に TETDM の概要がまとめられているとともに，重要な機能の説明がなされた付録が含められている。(b) のキャラクターアシストチュートリアルは，必要な情報を系統的，かつ，わかりやすく学ぶために TETDM に実装されている機能で，キャラクターとの対話と実際の操作を交えながら操作方法を体験的に学ぶことができる。本機能については 2.6 節でも説明する。(c) の TETDM サイトの利用者向け情報では，TETDM の利用に関する最も細かい情報を含む説明が公開されている。

TETDM の利用者には，まず TETDMGUIDE に目を通してもらったうえで，キャラクターアシストチュートリアルを実施してもらい，必要に応じて TETDM サイトの情報を参照してもらうのが効果的と考えている。

2.6 キャラクターアシストチュートリアル

1 **キャラクターアシストチュートリアルの構成**　TETDM には，ユーザが操作方法やテキストマイニングの流れを学ぶための**キャラクターアシストチュートリアル**が用意されている。キャラクターアシストチュートリアルの構成を**表 2.3** に示す。チュートリアルは大きく，「TETDM の操作方法」と「テキストマイニングの流れ」とに分かれており，「TETDM の操作方法」は「操作の説明」と「ツールの説明」とに分かれている。また，それぞれにおいて起動モードごとに分かれた内容を学べるようになっている。

表 2.3　キャラクターアシストチュートリアルの構成

大カテゴリ	中カテゴリ	学べる内容
TETDM の操作方法	操作の説明	各起動モードで行える操作
	ツールの説明	各起動モードで使えるツールの操作
テキストマイニングの流れ		データ分析の手順に応じた使い方

「操作の説明」では各起動モードで利用できる機能について一通り学ぶことができ，「ツールの説明」では各起動モードで利用できるツールについて一通り学ぶことができる。また，「テキストマイニングの流れ」では各起動モードで利用できる機能をもとに，データ分析の流れを体験できる内容となっている。TETDM を利用するユーザは，最初にこれらのチュートリアルを一通りこなすことで，TETDM の操作方法および TETDM を用いたデータ分析の流れを把握することができる。

2 **キャラクターアシストチュートリアルの開始方法**　キャラクターアシストチュートリアルは，メニューウインドウの「キャラ」ボタンを押すと表

示されるウインドウ（図 **2.3**）から開始することができる。また「ツールの説明」については，各パネルの上部にある「キャラ」ボタンを押すことでも，そのパネルにセットされている処理ツールのチュートリアルを始めることができる[†]。

図 2.3　キャラクターアシストチュートリアル
　　　　起動ウインドウ

　スーパーライトモードの「操作の説明」を初めて開始したときには，図 **2.4** のチュートリアル開始時のウインドウが表示される。ここで，チュートリアルの進め方についての説明がなされる。

3　**キャラクターアシストチュートリアルの進行**　　チュートリアルの課題を開始すると，図 **2.5** のようにキャラクターがセリフで説明を行う。ユーザはセリフを読む，問題に答える，指示された操作を行うことでチュートリアルを進めていく。課題をクリアすると，課題の選択ウインドウに表示される宝箱が開いた状態になり，すべての宝箱を開けることがチュートリアルの目標となる。

[†]　処理ツールのチュートリアルは，各ツールの開発者が用意するものとなっているため，開発者によってチュートリアルが用意されているツールのみチュートリアルを開始することができる。

図 2.4　初回チュートリアル開始時のウインドウ

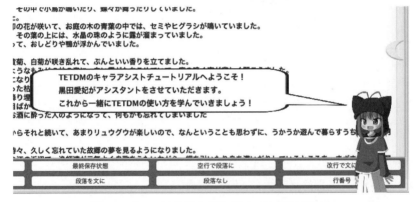

図 2.5　チュートリアルを担当するキャラクターの表示

　なお, 2.7 節で述べるゲームモードで新しいキャラクターを手に入れてセットすると, チュートリアルを行ってくれるキャラクターを変更することができる。

2.7　ゲームモード

1　**ゲームモードの概要**　　TETDM には, 意欲的にデータ分析を学ぶための要素として, ゲームモードが実装されている[3]。目的を持って日常的に

TETDM を利用する場合はもちろんのこと，とりあえずデータ分析を学ぼうと TETDM を利用するユーザが，楽しみながら利用を継続するための要素となっている。

ゲームモードでは，TETDM の利用時にさまざまな操作を行うことで**経験値**を獲得できる。この経験値はデータ分析スキルに連動するものとして設定されており，経験値の取得によって上がるランクが 1000 に到達すると，本書におけるデータサイエンティストとしてのスキルを身につけたと考えることができる。また，TETDM の利用によって**コイン**を獲得することもでき，獲得したコインで新たなキャラクターやキャラクターのコスチューム†を入手することができる。

2　**ゲームモードのおもな機能**　　ゲームモードは，メニューウインドウの「ゲーム」ボタンを押すことで**図 2.6** のゲームモード用のメニューウインドウを表示することができる。TETDM の利用による経験値とコインはゲームモードのメニュー表示の有無に関わらず加算されるため，好きなタイミングでゲームモードを利用できる。ゲームモードのおもな機能を**表 2.4** に示す。

「ショップ」（**図 2.7**）では，入手したコインを利用して，キャラクターやコスチュームを入手することができる。目標のランク 1000 を達成する頃にすべ

図 2.6　ゲームモードメニューウインドウ

表 2.4　ゲームモードのおもな機能

機　能	内　容
ショップ	獲得したコインでキャラクターやコスチュームを入手できる
キャラクター	ショップで入手したキャラクターやコスチュームをセットできる
ミッション	TETDM の利用における達成目標

---

†　ゲームモードのキャラクターは，「キャラクターなんとか機」を利用して作成されている：http://khmix.sakura.ne.jp/download.shtml（2019 年 8 月 9 日確認）。

図 2.7　ショップのウインドウ

図 2.8　キャラクター選択のウインドウ

てのキャラクターやコスチュームが入手できるように調整されている。

「キャラ」ボタンを押して表示されるウインドウ（図 2.8）では，ショップで
入手したキャラクターのセットや，キャラクターへのコスチュームのセットを

行うことができる。ここでセットしたキャラクターが，2.6節のチュートリアルに登場する。

「ミッション」（図2.9）では，TETDMの利用における達成目標が表示される。目標を達成することでも，経験値とコインを獲得できる。

```
●●●                           Mission
         ミッション(クリアしたミッションは赤で表示)
1.ランクを100にしよう(5000コイン) あと98
2.ランクを500にしよう(10000コイン) あと498
3.チュートリアル「利用」の初心者，初級を全てクリアしよう(5000コイン)
4.チュートリアル「利用」の文章推敲を全てクリアしよう(10000コイン)
5.知識創発を5回行ってみよう(5000コイン,50exp) あと5回
6.知識創発を10回行ってみよう(10000コイン,100exp) あと10回
7.50回起動しよう(5000コイン) あと49回
8.10日間起動しよう(5000コイン) あと9日
9.連続5日間起動しよう(5000コイン) あと4日
10.合計10時間利用しよう(5000コイン) あと35337秒
11.結果と解釈を50回登録しよう(5000コイン,50exp) あと50回
12.結果と解釈を100回登録しよう(10000コイン,100exp) あと100回
13.タイピング(色)で200点以上を出そう(100コイン)
14.処理ツールを20種類使用しよう(1000コイン,50exp) あと17種類
15.可視化ツールを20種類使用しよう(1000コイン,50exp) あと18種類
16.ツールを1000回セットしよう(5000コイン,100exp) あと991回
17.処理ツール内のボタンを10種類押そう(1000コイン,100exp) あと10種類
18.ツール内のボタンを500回押そう(5000コイン,100exp) あと500回
19.スキルランクを100にしよう(5000コイン) あと100
20.スキルランクを500にしよう(10000コイン) あと500
21.テキストエディタ内のボタンを100回押そう(5000コイン,100exp) あと100回
```

図2.9　ミッションのウインドウ

●2章のまとめ●

　2章では，テキストデータマイニングのための統合環境 TETDM に関わる以下の項目について学んだ。

(1)　TETDM のウインドウ画面は複数のパネルから構成されており，各パネルに処理ツールと可視化ツールを1種類ずつ割り当てて利用していくこと。

(2)　TETDM は，Java の実行環境がインストールされている PC に，TETDMのファイルをダウンロードして展開するだけで利用できること。

(3)　TETDM は，ファイルのダブルクリックで起動することができ，利用経験や利用目的に応じて，四つの起動モードの中から一つのモードを選択して利

用できること。

(4) TETDM へのテキスト入力の方法には，テキストのコピーアンドペーストによる入力と，ファイルからの入力による方法があること。

(5) TETDM の操作方法を習得するためには，TETDM サイトにある説明書や利用者向け情報を確認する方法と，TETDM 内のキャラクターアシストチュートリアルを進める方法とがあること。

(6) キャラクターアシストチュートリアルは大きく，「TETDM の操作方法」と「テキストマイニングの流れ」とに分かれており，キャラクターのセリフによる説明に対して，ユーザはセリフを読む，問題に答える，指示された操作を行うことでチュートリアルを進めていくことができること。

(7) TETDM には，意欲的にデータ分析を学ぶための要素としてゲームモードが実装されており，データ分析を学ぼうと TETDM を利用するユーザが，楽しみながら利用を継続するための要素となっていること。

● 章 末 問 題 ●

【1】 以下の手順で TETDM を手持ちの PC で使えるようにしてみよう。
(1) TETDM サイトから TETDM をダウンロード
(2) Java の実行環境をインストール（未インストールの場合）
(3) TETDM を起動
(4) TETDM にコピーアンドペーストでテキストを入力

【2】 TETDM サイトの TETDMGUIDE の内容を確認してみよう。

【3】 以下のキャラクターアシストチュートリアルをクリアしよう。
(1) スーパーライトモードの「操作の説明」
(2) スーパーライトモードの「ツールの説明」
(3) スーパーライトモードの「マイニングの流れ」

【4】 TETDM サイトの利用者向け情報の内容を確認してみよう。

【5】 TETDM のゲームモードでランクを 100 まで上げてみよう。

3 データ分析の目的の決定と分析データの準備

本章では，1章で述べたデータ分析による意思決定プロセスの，「0. 蓄積データ」「1. 分析目的の決定」「2. データ収集」「3. データ整形」の四つの項目の詳細を述べ，データ分析の目的を決定する方法について説明するとともに，データ分析に用いるデータを準備する方法について説明する。

3.1 蓄積されるデータ★ (0)

1 蓄積され続けるデータ　データ分析の目的を考える以前に，すでに手元に蓄積されているデータ（図1.3の「**0. 蓄積データ**」）が存在する場合がある。それらは，日常的に行われるメールなどの電子的なコミュニケーションの記録であったり，日々の業務の記録などのログデータとなることが多い。

また蓄積されるデータは，必ずしも自分の手元にあるデータだけではない。世の中全体では，随所で日々データが蓄積されており，**オープンデータ**として公開されているデータを無料で容易に入手することもできる。オープンデータの取組済自治体[†1]の割合について総務省の Web ページ[†2]で公開されている情報では，都道府県単位では47団体で100％（2018年4月30日時点），市区町村単位では418団体で約24％（2019年3月11日時点）となっており，データの利活用が強く推進されている状況が伺える。

[†1] 自らのホームページにおいて「オープンデータとしての利用規約を適用し，データを公開」または「オープンデータの説明を掲載し，データの公開先の提示」を行っている都道府県および市区町村。

[†2] http://www.soumu.go.jp/menu_seisaku/ictseisaku/ictriyou/opendata/index.html
総務省：地方公共団体のオープンデータの推進（2019年8月9日確認）。

また近年では，会議資料や古い書籍などのこれまで紙でしか存在しなかった資料が電子化されつつあると同時に，音声認識技術の向上によって音声データのテキスト化も可能になり，会話データの分析も進められつつあるなど，分析対象となるデータの範囲は拡大し続けている。

2 蓄積データと分析の目的の策定　　手元になんらかのデータが蓄積されたり，入手可能なデータの情報がわかると，「これらのデータを分析すれば，なにか新しい事実がわかるかもしれない」という考えが生じるのは自然なことと考えられる。しかし，この「なにか」に通じる方向性を定めることなしに，具体的な分析を行うことはできない。例えば，「太平洋の海底にはなにかお宝が眠っているに違いないから，なにかいいものを探って持ってきてほしい」といわれても困ることに似ている。「海賊の宝」を見つけたい，「海底に眠る資源」を採掘したい，「珍しい深海魚」を発見したい，などの目的を定めることによって初めて，現在のデータが目的に合致しているか，目的に対するデータ量や内容は十分か，目的を達成するための道具にはなにを使うか，それは用意できるのか，などを検討できるようになる。

そのため，蓄積データを目の前にしてなんらかの形で活用したいと考えるデータ分析の最初の段階においては，分析の目的をさまざまに思い巡らすことができるが，実際に分析作業に着手する段階においては，明示的に一つの目的が定められている必要がある。

3.2　データ分析の目的の決定★ (1)

1 意思決定に関わる分析の目的の設定　　われわれの社会活動，社会生活は意思決定の繰返しであり，データ分析の目的は，この「意思決定の根拠を得る」ことにほかならない。すなわち，考えられる行動の選択肢の中から，望ましい結果に繋がる行動を選択する意思決定のために，分析によって得られる因果関係の知識を根拠として，望ましい結果に繋がる選択肢を探るデータ分析を行う。そのため，データ分析の目的の決定（図 1.3 の「**1. 分析目的の決定**」）に

際しては，まずどのような意思決定を行いたいのかを考える必要がある。例え
ば，顧客の購買履歴データの分析により販売戦略を考える場合，「売上げの増加」
を分析の目的とする以外に，「顧客数の増加」や「顧客満足度の増加」などの目
的を設定することも考えられるため，これらの中から目的を一つに定める必要
がある。

2　データ駆動型のデータ分析　　あらかじめ目的を定めたうえでデータ分
析を行う**目的駆動型**のデータ分析に対して，とりあえず手元のデータを分析し
て，目的の方向性を探る**データ駆動型**のデータ分析がある（**図 3.1**）。例えば，
ある商品のレビューコメントがインターネット上に蓄積されてきたため，その
レビューの内容からなんらかの知見を得たいと考えることがある。この時点で
は，「なんらかの知見を得る」という漠然とした分析の目的しか持っておらず，
とりあえずデータを生かしたい，という考えからデータ分析を始める場合，デー
タ駆動型となる。

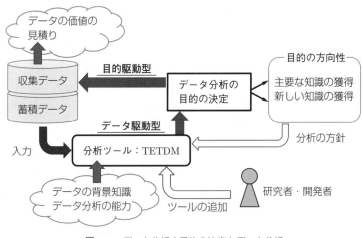

図 **3.1**　データ分析の目的の決定とデータ分析

　しかし，上記の例のようなレビューコメントの分析の場合においても，分析
を進める中で，好評な製品が見つかった場合や，店舗でのサービスについて顧
客の多くが不満を挙げていることがわかった場合，「製品が好評な理由を探る」

ことや「顧客の不満の原因を探る」ことを新たな目的として分析を継続することになる。すなわち，データ駆動型の分析においても分析のいずれかの過程で分析の目的を具体的に定める必要がある。

3　データ分析が可能な目的の設定　データ分析に際して，目的を設定したからといって，必ずしも目的に対する有効な知識を得られるわけではない。設定した目的に対して期待した分析結果が得られない状況としては，**図 3.2** に示すデータ分析の着手に向けたフローチャートにおいて，分析に必要な要素が欠けているつぎの三つの場合が挙げられる。

(a)　分析に用いるデータに知識が含まれていない。

(b)　分析に必要なツールがない。

(c)　分析の目的が難しい（分析者の経験と知識が足りていない）。

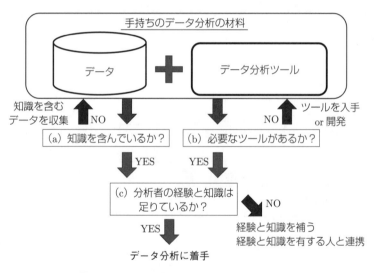

図 3.2　データ分析の着手に向けたフローチャート

(a) は分析結果となる知識を分析対象データが含んでいないケースを表す。このケースの対処法としては，3.3 節で述べるデータの収集によってデータを補うことが考えられる。また，用意したデータから知識が得られそうかを見積もる分析者の洞察力も重要となる。この点を含むデータの価値については，3.4 節

で詳しく触れる。

(b) は分析時に欲しい情報を出力として得るためのツールが手元に存在しないケースを表す。これには，分析ツールが存在するものの有料や会員限定のため容易に入手ができない場合や，分析手法が存在しているものの利用可能なツールとして公開されていない場合，またそもそも期待する出力が得られる手法そのものが存在しない場合などがある。分析手法が存在する場合には，それを誰が実装するかを検討する話になり，分析手法がない場合には，研究者と連携して手法を開発する必要がある。

(c) は分析の目的が難しくなるほど，分析者に求められる能力が高くなるケースを表す。データ分析の能力に関していえば，適切な分析ツールを選択したうえで，さまざまな条件でデータを絞り込むなど，必要な「試行錯誤」が多くなる分析ほど，その難易度は高くなる。またデータの背景知識を有していない場合，ツールの出力結果を見て，つぎにどのように「試行錯誤」を進めていけば良いかがわからないこともある。このような場合は，経験と知識を補うためのスキルを身につけるか，経験と知識を有する人と連携してデータ分析を進めることを検討する必要が生じる。

そこでこれらの点を考慮したうえで，分析者が分析可能な目的を設定することが必要となる。すなわち，データ分析による意思決定プロセス全体についての理解を前提として，存在するデータが含む知識を見積もり，存在する分析ツールに対する知識と，持ち合わせている背景知識によって，どの程度の分析が可能となるかを想定したうえで分析の目的を設定することになる。

4 **データ分析の目的の方向性**　データ分析の具体的な目的は，個々の状況に応じて幅広く考えられるところだが，その方向性は大きく二つに分けられる。一つは現状認識のためにデータ全体の傾向を把握する，データが含む主要な知識を確認するための分析で，もう一つは新しい方向性を模索するためにデータからわかることを網羅的に集め，データからわかる新しい知識を獲得するための分析となる。言い換えると，前者は過去を振り返るデータ分析であり，後者は未来を模索するデータ分析とも呼べる。

このデータ分析の目的の方向性によって，3.3節で述べるデータの収集，4章で述べるデータ分析に用いるツール，6.5節で述べる知識創発における分析結果の解釈の方針が変わってくる。データ分析の目的と分析方針との関係を**表 3.1**に示す。表の内容の詳細については後述するが，分析の目的によって行うべき分析の方針が異なってくるため，設定した分析の目的が，いずれの分析の方向性に属するかを確認しておく必要がある（図 3.1）。

表 3.1　データ分析の目的と分析方針との関係

データ分析の目的	利用データ	利用する分析ツール	分析結果の解釈の方針
主要な知識の獲得	主要なデータ	メジャーなツール	堅実な解釈
新しい知識の獲得	幅広いデータ	マイナーなツールを含む	論理の飛躍を含む解釈

3.3　データの収集★ (2)

分析の目的を達成するためのデータ分析を行うためには，分析の目的に対応する意思決定の根拠が含まれるデータを用意する必要がある。意思決定の根拠となる内容を含むデータが，手元の蓄積データでは不十分と考えられる場合，あるいはより分析に適したデータが想定される場合は，分析のためにデータを新たに収集する必要がある（図 1.3 の「**2. データ収集**」）。

3.3.1　データの性質★

分析のために収集するデータの性質とデータ分析との関係を，**表 3.2**に示す。データの収集に際しては，これらの性質を念頭において分析に必要と考えられるデータを集める必要がある。

表 3.2　分析に用いるデータの性質とデータ分析との関係

データの性質	データの性質とデータ分析との関係
データの領域	データ分析結果の適用範囲
データの粒度	データ分析結果の粒度
データの量	データ分析結果の客観性
データの質	データ分析結果の信頼性

1 **データの領域** データの領域については，データ分析で獲得したい知識をデータが潜在的に含むか否かを確認する。すなわち，3.2節で述べたデータ分析の目的を達成できるデータが集められているかを確認する。**図3.3**にデータ分析に必要なデータを示す。例えば，店舗での商品の販売データから，どのような顧客にどのような商品を薦めればよいかを分析したいとき，手持ちのデータが各商品の販売のデータを含んでいても顧客データを含んでいない場合，分析の目的を達成することができない。そのため各顧客の年齢や性別，さらには趣味や嗜好を含む顧客データと，商品データと顧客データとを繋ぐ，各商品をどの顧客が購入したかがわかるデータを得ることが必要となる。

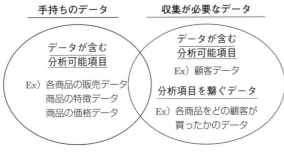

手持ちのデータ

データが含む
__分析可能項目__

Ex）各商品の販売データ
商品の特徴データ
商品の価格データ

収集が必要なデータ

データが含む
__分析可能項目__
Ex）顧客データ

__分析項目を繋ぐデータ__
Ex）各商品をどの顧客が
買ったかのデータ

図 **3.3** データ分析に必要なデータ

2 **データの粒度** データの粒度については，データ分析で獲得したい知識の詳細さとデータの細かさが対応しているか否かを確認する。用意したデータが細かい場合，得られた知識を後で粗く抽象化することは可能と考えられるが，その逆の具体化は難しいことに気をつける必要がある。そのため，必要とされる知識の詳細さに応じた，細かいデータの準備が必要となる。例えば，1日の中での気温の変化を分析したいときに，毎日正午時点のデータのみしか集められない場合は分析が困難になり，逆に1分ごとの気温のデータが得られる場合，データが細かすぎる可能性はあるが，必要に応じてデータを粗くして分析することは可能と考えられる。

3 **データの量**　　データの量については，データ分析により得られた知識をどれだけ信頼できるか，得た知識を客観的なものとして扱うために十分なデータ量か否かを確認する。用意したデータの量が少ない場合，その分析結果として得られた知識が一般的に適用できるかどうかを確認する必要が生じる。

特に全データを分析することが困難な場合，一部のデータを取り出したサンプル調査が行われることがある。回答者に選択肢が与えられるアンケートデータであれば，統計的に信頼度が高くなるサンプル数を求めることもできるが，自由記述のテキストデータを分析する場合，どの程度のデータ量があれば十分かを把握することが難しい。そのため，一般的には可能な限り多くのデータを集めることが望まれる。もし非常に多くのデータが集められた場合は，その後に必要な量のデータを取り出して分析を行うこともできる。

逆に少ない量のデータしか集められなかった場合，つぎに述べるデータの質を考慮しつつ，分析結果を鵜呑みにするのではなく，その結果の信頼度と合わせて分析結果を取り扱うことが望まれる。

4 **データの質**　　データの質については，データの量と合わせて，データ分析により得られた結果の信頼度を見積もるために，データが偏りや誤りを含むか否かを確認する。用意したデータに，なんらかの偏りや誤りを含む可能性がある場合，そのことを考慮して得られた知識を扱う必要が生じる。

例えば，ある商品のレビューコメントを分析する場合，そのレビューの意見は，その商品を買った人全員の意見ではなく，レビューを書いた一部の人の意見であることを考慮しつつ，分析結果を取り扱うことが必要になる。レビューがインターネットを経由して投稿されるものである場合，商品が子ども向けのおもちゃであれば，子ども自身の意見ではなく親の意見となっている場合があることや，旅館のレビューであれば，インターネットに不慣れな高齢者の意見が反映されていない場合があることに気をつけないといけない可能性がある。また，レビューが匿名で入力可能な場合においては，必ずしも正しい情報が書かれていない可能性があることにも気を配る必要がある。

3.3.2 データの収集方法★

手元に蓄積されている以外のデータを入手する方法について述べる。データの入手は，データとして存在するものを入手する場合と，データ分析を企図した時点では存在していないデータを入手する場合とに分かれる。そのためまず最初に，データ分析に活用したいデータが存在するか否かを確認する。

1 存在するデータの入手 手元に蓄積されていないが存在するデータには，自社や自組織内で蓄積されているデータ，連携企業や連携組織内で蓄積されているデータ，3.1 節で述べたオープンデータとして公開されているデータ，企業や組織が有料で公開しているデータ，連携していない企業や組織が有していると思われるデータなどがある。

ほかにも，紙や音声としての情報は存在するものの電子的な数値やテキストとしてのデータになっていない場合もある。この場合には，費用や人手によるコストをかけて，分析可能な形式にデータを変換する必要がある。

これらについて，その存在するデータが分析の目的にどれだけ欠かせないものか，そのデータの必要性と入手の難易度との間のトレードオフや費用対効果を考慮して，データの入手を試みることになる。

2 存在しないデータの入手 データ分析を企図した時点で，分析対象とするデータが存在していない場合には，分析に必要と考えられるデータを新たに生成する必要がある。これには，自社や自組織あるいは連携企業や連携組織において，これまでデータ化していなかった情報を新たに蓄積対象データに加える方法と，新たにアンケート調査を行ったりデータ収集用のサイトを構築する方法とが考えられる。

新たにデータを生成して収集する際，データ分析の方法を具体的にイメージできている場合は，分析に必要最低限のデータを，用いるデータ分析手法に適した形で収集できるため，データ収集のコストを抑えられる可能性がある。しかしその場合においても，後から異なった目的のデータ分析を行いたくなったり，想定していなかった分析手法を用いたくなった場合，あるいはデータ収集時には見落としていた分析の観点がある場合には，データが足りなくなる可能

性も生じてくる。

そのためデータを収集する際には，行われる可能性があるデータ分析の目的を考慮するとともに，さまざまなツールを用いたデータ分析が可能になるように，汎用的な内容と形式によりデータ収集を行うことが望まれる。

例えば，女性服の販売に関する顧客情報をデータとして収集したいと考えたとする。女性が商品を買うことを前提として「年齢」だけをデータとして「性別」のデータを収集しなかったときに，実際には男性が女性へのプレゼントとして洋服が買われることも多かった場合に，データ分析に必要な「性別」のデータが足りずに，再度データ収集を行う必要が生じる。

そのためデータの分析側としては，将来的に分析時に必要となる可能性があるデータについては，幅広く集めておきたいと考える。しかしこのデータ収集において，データの提供側，例えば顧客によってデータを入力してもらうことが必要となる場合，入力すべき項目が多くなると，入力が敬遠されて集められるデータの量が少なくなる懸念も生じる。このようにデータ分析側の利益とデータ提供側の不利益とが同居する場合，汎用的でかつ必要最低限のデータ収集をデザインすることが望まれる。

3.3.3　分析の目的に応じたデータ収集★

3.2 節で述べたデータ分析の目的の方向性に応じて，データ収集の方針も変わってくる。すなわち，主要な知識の獲得を目指す分析であれば，目的に関わる主要なデータを集めればよいが，新しい知識の獲得を目指す場合，目的に少しでも関わるデータを幅広く集めることが望まれる。

例えば，どのようなテレビがよく売れているかの現状を分析するためには，テレビに関するレビューコメントを，おもな分析データとして用いればよいと考えられる。しかし，新しいテレビの開発に向けたアイデアを獲得するための分析を行うためには，テレビ以外の，エアコンや冷蔵庫，洗濯機などのほかの家電のレビューコメントも分析に用いることで，アイデアの手がかりが得やすくなると考えられる。一方で用いるデータが増えてくると，データ分析において

必要な背景知識の量や試行錯誤の量が多くなるため，不必要に多くのデータを用いることも好ましくない。

　そのため，分析に用いられる可能性があるさまざまなデータについて，分析の目的に対する関連度をもとに，データに優先順位をつけて準備しておくことが望まれる。これにより，主要な知識の獲得を目指すのであれば，優先順位が高いデータのみを使用することができ，新しい知識の獲得を目指す場合は，優先順位の高いものから順に，アイデアが得られるまでデータを順次増やしていく分析が可能になる。

3.4　データの価値の見積り★

■1■　**データの価値**　　存在するデータあるいは入手を検討するデータに対して，どのような分析によってどのような知識が得られる可能性があるかを根拠として，潜在的にデータが含むと推定される知識が**データの価値**となる。このとき，得られると推定される知識の正しさと適用可能範囲が考慮されることもある。このデータの価値を見積もることができなければ，分析の目的を達成するためのデータを準備することや，新たに入手すべきデータの判断，あるいは入手すべきデータにかけてもよいコストを見積もることができない。すなわち，実際のデータ分析に取り掛かる前に，準備したデータから目的を達成するための分析結果が得られるかを吟味して，データの価値を見積もることが大事である。

　データの価値の見積りに必要な要素を**図 3.4** に示す。データの価値を見積もるためには，得られる知識に対する仮説を立てること，およびそのためには，データ分析の流れに基づいて，用いられる分析手法を理解することが必要となる。

■2■　**データ分析の仮説とデータの価値**　　データの価値の見積りに際しては，漠然とした知識をイメージするのではなく，得られるであろう知識を具体的に列挙することが必要になる。本書におけるデータ分析の結果として得られる知識は，1.2 節で定義したように「事象間の因果関係（または相関）」であり，

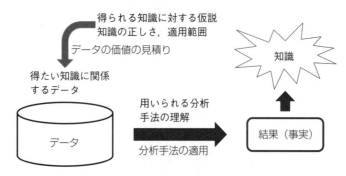

図 3.4 データの価値の見積りに必要な要素

分析の目的に強く関わる**仮説**を多く立てることができるデータほど価値が高くなる。

　例えば，顧客の購買履歴データであれば，「ある商品 A が購入されたときに，別の商品 B も同時に購入されやすい」を知識として抽出できることが想定されるため，「ある商品と同時に薦めると効果的な商品がわかる」という仮説が立てられる。このとき，具体的な商品名まで挙げる必要はない。またこのデータが顧客の年齢層のデータを含んでいれば，「特定の年代の人に，よく売れている商品」を知識として抽出して，「特定の年代の人に薦めると効果的な商品がわかる」という仮説を立てることもできる。

　仮説はもともと棄却される可能性があるものなので，「同時に薦めると効果的な商品がなかった」「年代ごとによく売れている商品がなかった」という結果になることもあり得る。しかし，より多くの仮説を立てられるデータであれば，いずれかの仮説に基づく有効な結果を得られる可能性が高まる。

　すなわち知識を得るためには，知識に関係がありそうなデータを準備することに加え，データから得られると想定される多くの仮説を立てるために，分析者がさまざまなデータ分析のイメージを持つことが重要となる。

❸　データの価値の見積りとデータ分析手法の理解　　多くの仮説を立て，データ分析のイメージを持つためには，用いられるデータ分析手法についての理解が必要となる。必ずしも分析手法の詳細な**アルゴリズム**（計算方法）を理

解している必要はないが，主要な分析手法について，なにを入力するとなにが出力として得られるのか，およそどのような方法で結果を出力するのか，などの分析手法の意味を知ることで，さまざまな仮説を立てられるようになる。

本節 **2** の購買履歴データの例においては，データマイニングにおける代表的な「相関ルールマイニング」という手法を用いると「同時に起こりやすい事象間の関係を得られる」という理解が必要となる。もちろん，最初から多くの手法についての理解がなくても，一つずつ意味を理解した手法を増やしていければよい。例えば最も単純なテキストデータ（文章）の分析手法は，「テキストに含まれる単語の頻度を確認する」ことであり，単語の頻度は，その文章の「主題や主要な意見の理解に繋がる」ということを理解しているだけで，一つの手法を理解したことになる。分析手法の理解と，その分析手法を利用した実際の分析経験を積み重ねていくことが，分析のイメージをつかむことに繋がる。

データは，データそのものに価値があるわけではなく，データから導き出される知識にこそ価値がある。データはダイヤの原石に相当し，それをうまく磨くことができれば大きな価値を生み出すことができるが，うまく加工できないのであれば価値が出ないのと同じと考えられる。すなわち，ダイヤの加工に相当するデータ分析手法のイメージを持つことで，データの価値を見積もることが可能になる。

3.5 データ分析の前処理 (3)

3.5.1 データ整形と前処理★

データ分析の前にデータに対して行う処理全般をデータ分析の**前処理**と呼ぶ。ただし，前処理という表現はやや曖昧さを含んでおり，人によって解釈が異なるため，本書においては分析ツールで効果的な分析を行うために，収集データを加工する作業を前処理としてデータ整形（図 1.3 の「**3. データ整形**」）と呼ぶ。

1 **データ整形**　　データ整形は，Fayyad らが提唱したデータマイニングプロセスの「前処理」と「変換」に相当する。前者は，データの平均や分散を計

算するなど「データ構造」を対象とした処理となり，後者は，数値，文字，カテゴリデータなどの，用いるソフトウェアによって指定されるデータの形式に変換する「データ内容」を対象とした処理になる[4]。

収集したデータの形式と用いるソフトウェアの入力形式は多種多様であるため，手作業によるデータ整形が必要であったり，データ整形のためのプログラムを実装する必要があるなど，地味に大きな労力を必要とするプロセスとして位置づけられており，データ分析の初心者がつまづきやすいポイントの一つにもなっている。

2 代表的なデータ整形の例 ソフトウェアの入力として数値データを用いる必要がある場合，表形式の2次元データをカンマと改行で区切ったCSV形式のデータがよく用いられる。例えばアンケートの回答データについて，一人分の回答を一行のデータとして，各回答をカンマで区切ったCSV形式のデータに整形することが多い。また，アンケートに未回答の項目があるなどによってデータに欠損値があると，分析のためのソフトウェアが動作しないことがあるため，中位の回答や未回答を表す値をデータとして挿入する整形が行われることも多い。そのほか，標準的な回答の値から大きく外れた値があると平均値が大きく変わることがあるため，外れ値を除去する整形が行われたり，1.1節で述べたカテゴリデータを数値データに変換する整形が行われることもある。

またソフトウェアの入力としてテキストデータを用いる場合，テキストデータが文や単語に区切られて処理が行われる。まず，日本語のデータとして処理するために，日本語の文字コードを入力ソフトウェアに合わせる整形や，文字でない記号を除去するなどの整形が行われる。また，文や単語として処理するために，一文の終わりを判別するための句点の挿入や統一のための整形が行われる。そのほか，一般的な単語などの分析に関係のない単語をストップワードとして登録する処理や，辞書にない専門用語を辞書に登録するなどの前処理が発生することがある。用いるソフトウェアによっては，あらかじめこれらの単語を除去する整形や，別の単語に置換しておくなどの整形を必要とすることもある。

3 データ整形とデータ分析ソフトウェアの選択 煩雑なデータ整形を避

けるための一つの方法としては，利用するデータ分析のためのソフトウェアを定めたときに，そのソフトウェアに必要な入力を準備しやすい環境を整えることが考えられる。特にデータ分析の初心者にとっては，まず一つのソフトウェアを使いこなして，およその要領をつかんだ時点で異なるソフトウェアを利用するのがよいと思われる。

しかし複数のソフトウェアを用いる場合，それらの間には少なからず異なるデータ整形が必要となることに加え，より多くの観点から分析結果を得たい場合に，多様なソフトウェアを使おうとすると大きな労力が必要になる。そのため，少なくともデータ分析にある程度慣れたと自負できるようになるまでは，多様な分析ツールを含む一つのソフトウェアを利用することが望ましく，本書で用いる TETDM も，そのようなユーザの支援になることを期待して構築されたものとなっている。

3.5.2　TETDM の前処理

本項では，TETDM を用いてデータ分析を行う場合に，収集したデータに対して人手で行う必要があるデータ整形，TETDM で自動的に行えるデータ整形，およびデータ分析に先立って行われる TETDM におけるキーワード設定について述べる。

1　TETDM で必要なデータ整形　TETDM で必要となる可能性のあるデータ整形を以下に挙げる。

(a)　セグメント（段落または文章）の区切り記号の挿入

(b)　文の区切り記号の挿入

(c)　日本語文字コードの統一

(d)　ストップワードや記号の処理

単一のテキストを分析する場合など多くの場合は，(a) のセグメントの区切り記号の挿入を行うだけでよく，(a) と (b) については，テキストを入力した後でも，処理ツール「テキストエディタ」において，**表 3.3** に示すデータ整形を自動的に行うことが可能になっている。4.3 節で述べるテキストの分析処理は，

表 **3.3** 処理ツール「テキストエディタ」のボタンで
自動処理が可能なデータ整形

ボタン名	処理内容
空行で段落に	空行のある所にセグメントの区切り記号を挿入する
改行で文に	改行のある所に句点を挿入する
文を段落に	句点のある所にセグメントの区切り記号を挿入する
段落を文に	セグメントの区切り記号を句点に変換する
段落なし	セグメントの区切り記号を削除する

単語，文，セグメントを単位とした処理を基本とするため，これらの区切り記号が適切に挿入されていないと，有効な分析結果を得ることができない。

(a) のセグメントの区切り記号は，初期設定では文字列「スナリバラフト」に設定されており，これをテキスト中に挿入することで，セグメントの区切りとして認識される。単一のテキストを入力とする場合は，段落ごとにセグメントの区切り記号を挿入し，複数のテキストを入力する場合は，テキストの区切りとなる箇所にセグメントの区切り記号を挿入する。

(b) の文の区切り記号は，初期設定では全角の句点「.」または「。」に設定されており，これらが文末に欠けている場合には，句点を挿入して補う必要がある。文末に句点を補う以外に文末に使われている「？」や「！」を句点の記号として使いたい場合は，つぎの小項目で述べる「キーワード設定」で設定することもできる。

(c) の日本語文字コードの統一においては，複数のテキストをフォルダ単位で入力する場合に，フォルダ内のテキストの日本語文字コードが，すべて Shift-JIS と EUC のいずれか，またはすべて UTF-8 になっている必要がある。そのため，この条件に合わない文字コードのテキストが含まれている場合，文字コードを変換する必要がある。日本語文字コードの変換は，変換が可能なテキストエディタを経由するなどで行うことになるが，文中に機種依存文字が含まれていると，あらかじめそれらの文字を削除あるいは変換しないと文字コードが変換できない場合もある。

(d) のストップワードや記号の処理は，分析の目的に関係のない分析時に処

理の対象として欲しくない単語や記号がテキストに含まれる場合に，それらをあらかじめ取り除く処理を行う。あらかじめ取り除くことが面倒な場合，つぎの小項目で述べる「キーワード設定」においてストップワードを登録することでも，分析対象から外すことができる。ただし，Web ページの元テキストをダウンロードしたときに含まれる HTML のタグのように，分析対象から外したい単語や記号の種類が多く，ストップワードとして登録することが難しい場合には，それらの単語や記号を取り除くプログラムを実行するなどによって，あらかじめ処理しておくことが必要になる。

2 **TETDM のキーワード設定**　TETDM のライトモード以降の起動モードにおいては，**キーワード設定**において句点記号やセグメントの区切り記号を指定することや，分析対象とする単語の品詞を指定することができる。なお TETDM における**キーワード**とは，TETDM 内の分析ツールが分析の対象とする単語の種類のことを表しており，文章から抽出されたキーワードや，文章に付与されたキーワードとは異なる意味であることに注意していただきたい。本設定によって分析対象を絞ることで，分析結果が見やすくなり，分析にかかる処理時間を短縮することが期待できる。

図 **3.5** に，TETDM のキーワード設定を示す。上段では，キーワードにする単語の品詞を選択することができる。つぎの段では，文の区切りとする句点の種類およびセグメントを区切る文字列を任意に設定することができる。また，キーワードにしない単語として，ひらがな，カタカナ，1 文字の単語を一括で除くことや，処理対象から除きたい単語を直接入力すること，およびこれらの除外指定の例外としてキーワードにする単語を指定することができる。

図 3.5 の設定の場合，「名詞」のみが分析処理の対象となっており，そのうえでひらがな，1 文字の単語（名詞）が分析の対象から除かれる。また，名詞「亀」は 1 文字の単語のため分析の対象から除かれているところ，その例外として分析対象に含める設定となっている。

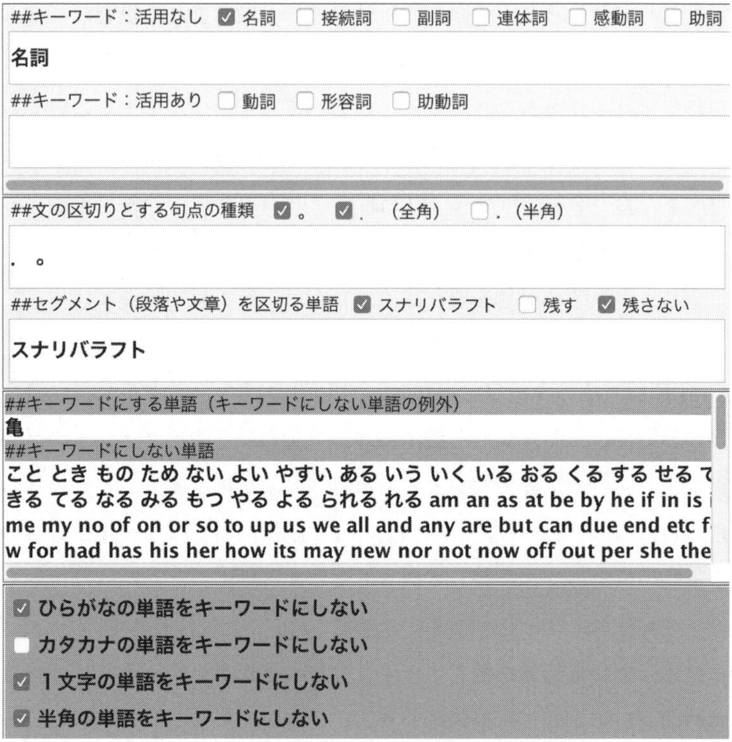

| ##キーワード：活用なし ☑ 名詞 ☐ 接続詞 ☐ 副詞 ☐ 連体詞 ☐ 感動詞 ☐ 助詞 |

名詞

##キーワード：活用あり ☐ 動詞 ☐ 形容詞 ☐ 助動詞

##文の区切りとする句点の種類 ☑ 。 ☑ ．（全角） ☐ ．（半角）

．。

##セグメント（段落や文章）を区切る単語 ☑ スナリバラフト ☐ 残す ☑ 残さない

スナリバラフト

##キーワードにする単語（キーワードにしない単語の例外）
亀
##キーワードにしない単語
こと とき もの ため ない よい やすい ある いう いく いる おる くる する せる て
きる てる なる みる もつ やる よる られる れる am an as at be by he if in is i
me my no of on or so to up us we all and any are but can due end etc f
w for had has his her how its may new nor not now off out per she the

☑ ひらがなの単語をキーワードにしない
☐ カタカナの単語をキーワードにしない
☑ １文字の単語をキーワードにしない
☑ 半角の単語をキーワードにしない

図 3.5　TETDM のキーワード設定（初期設定時）

●3章のまとめ●

　3章では，データ分析の目的の決定と分析データの準備に関わる以下の項目について学んだ。
(1) 蓄積されるデータには，日々の業務の記録のログデータと，世の中で公開されているオープンデータとがあり，データの分析に向けては，明示的に一つの目的が定められている必要があること。
(2) データ分析の目的は「意思決定の根拠を得る」ことであり，具体的な目的の決定に際しては，分析者が分析可能な目的を設定するとともに，分析の目的の方向性を確認する必要があること。
(3) データの収集においては，分析の目的に対応する意思決定の根拠が含まれるデータを用意する必要があり，データの性質，データの入手可能性，分析の目的の方向性を考慮しながら収集する必要があること。

(4) 潜在的にデータが含むと推定される知識がデータの価値となり，価値の推定のためには，用いられるデータ分析手法についての理解に基づいて，具体的に得られるであろう知識を仮説として列挙することが必要なこと。

(5) データ分析の前にデータに対して行う処理全般をデータ分析の前処理と呼び，TETDM を利用することで前処理の労力を軽減できる可能性が高いこと。

● 章 末 問 題 ●

【1】 以下のキャラクターアシストチュートリアルをクリアしよう。

(1) ライトモードの「操作の説明」

(2) 通常モードの「操作の説明」

(3) 拡張モードの「操作の説明」

【2】 以下のように TETDM にテキストを入力してみよう。

(1) TETDM の起動後，テキストエディタに分析したいテキストをコピーアンドペーストで入力

(2) 文末に句点がない文があれば，テキストエディタで改行を挿入してから，「改行で文に」ボタンを押して句点を挿入

(3) 段落のあるところで改行キーを押して空行を挿入してから，「空行で段落に」ボタンを押してセグメントの区切り文字列を挿入

【3】 以下の手順で TETDM に一つのテキストファイルを入力してみよう。

(1) 分析対象とするテキストファイルを準備

(2) テキストファイルに文の区切りとなる句点があるかを確認して，句点がない文があれば句点を挿入

(3) テキストファイルにセグメントの区切りとなる文字列を挿入

(4) 通常モードでファイルからテキスト入力

【4】 以下の手順で TETDM に複数のテキストファイルを入力してみよう。

(1) 分析対象とする複数のテキストファイルを一つのフォルダ内に準備

(2) 集めたテキストファイルの日本語文字コードを確認して，文字コードが統一されていなければ統一

(3) 通常モードでフォルダから複数のテキストファイルを入力

(4) 入力されたテキストに文の区切りとなる句点があるかを確認して，句点がない文があれば，テキストエディタでその文の終わりに改行を挿入した後，テキストエディタの「改行で文に」ボタンを押して句点を挿入

【5】 TETDM のキーワード設定で，以下の設定をして結果を見てみよう。

(1) 名詞，動詞，形容詞を処理対象にする。また，動詞だけを処理対象にする

(2) 1 文字の単語をキーワードにする

(3) セグメントを区切る単語を「スナリバラフト」から入力テキスト中でよく使われている名詞に変更して，「残す」にチェックを入れる

【6】 TETDM のゲームモードでランクを 200 まで上げてみよう。

4 TETDM による
データ分析

本章では，1章で述べたデータ分析による意思決定プロセスにおける，データ分析のためのマイニング処理となる「5. データ処理」と，処理結果を可視化する「6. データ可視化」，ならびにこれらの処理と可視化を行うためのツールを選択する方法についての「4. ツール選択」について説明する。

4.1　TETDM の基本分析ツール

4.1.1　テキスト評価アプリケーション

TETDM を最初に起動したときには，左端のパネルに「テキスト評価アプリケーション」という処理ツールがセットされる（**図 4.1**）。パネルの上部には，入力されたテキストのファイル名（図では urashima.txt），テキストの文字数，段落の数，文の数，キーワード種類数†が表示される。それらの表示の下には，基本的な分析を行うための**ツールセット**（パネルとツールの組合せ）を選択するためのボタンが並べられている。これらのボタンを押すことで，パネル構成やパネルにセットされるツールを変更することができる。

一番上の「まとめとエディタ」ボタンは，TETDM の起動直後のパネル構成にセットすることができる。その下の二つの「単語情報」「文・セグメント情報」ボタンは，単語，文，セグメントを単位とした基本的な分析を行うためのツールをセットすることができる。残りのボタンは，これら三つのボタンで表示される処理結果の出力に用いられたツールをセットすることができ，各出力の根

---

† キーワードは初期設定ではすべての名詞が該当する。

図 **4.1** テキスト評価アプリケーション

拠を確認することができる。

　以下で，最も基本的なテキスト分析の手順について述べたうえで，これらの各ボタンを押したときにセットされるツールについて説明する。

4.1.2 最も基本的なテキスト分析

1 **最も基本的なテキスト分析の手順** 　最も基本的なテキスト分析は，以下の手順で行われる。

1) 　TETDM を起動してテキストを入力する。

2) 　テキスト評価アプリケーションの「単語情報」ボタンを押す。

3) テキストで使われている単語の頻度が表示される。

4) 出力の中で気になる高頻度の単語を見つける。

5) 気になった単語がなぜ何度も使われたのか，その意味を考える。

2 **最も基本的なテキスト分析の例**　浦島太郎の文章（urashima.txt）を入力したときの，単語頻度の出力画面を**図 4.2** に示す。「浦島」「亀」「リュウグウ」「乙姫」という単語の頻度が高いことがわかる。これらの単語は，それぞれ浦島太郎に登場する主要な人物，生き物，場所として解釈することができる。続いて，「太郎」「景色」「子供」「背中」という単語が 5，6 回出現していることがわかる。「太郎」は浦島の名前として，「子供」は亀をいじめていた登場人物として解釈できる。しかし，「景色」や「背中」の出現回数が，なんとなく想像される 2，3 回よりも多く出現していることが気になったとする。その場合，その出現の根拠を探る必要がある。そこで，ツール「単語情報まとめ」の中で「景色」という単語をマウスでクリックすると，ツール「フォーカスまとめ」の中で，「景色」を含むテキストがハイライトされる（**図 4.3**）。この出力から，浦島がリュウグウで四季の景色を見せてもらっていたため，ということがわかる。同様に「背中」を含むテキストをハイライトすると，浦島はリュウグウに行くときだけでなく，帰りにも亀の背中に乗っていたことが確認できる。

3 **テキスト分析手順の習得**　このように，テキストの最も基本的な構

パネル 3：単語情報まとめ + 表形式表示 (urashima.txt2) ALL ALL …

再実行

キャラ				🔒 画面
単語	品詞	頻度	文頻度	セグメン…	主語頻度

単語	品詞	頻度	文頻度	セグメン…	主語頻度
浦島	1	46	40	4	32
亀	1	22	19	4	10
リュウグウ	1	11	10	3	1
乙姫	1	11	11	3	8
太郎	1	6	4	2	0
景色	1	6	6	2	0
子供	1	5	5	2	4
背中	1	5	4	2	0
不思議	1	4	3	2	1
綺麗	1	4	4	3	0
浜辺	1	4	4	2	0
玉手箱	1	4	3	2	0

図 4.2　処理ツール「単語情報まとめ」による単語の頻度情報

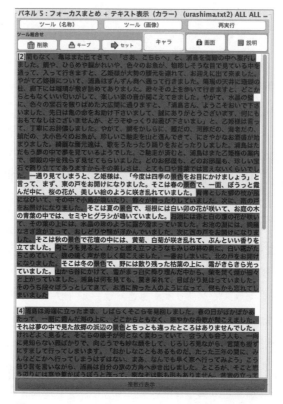

図 4.3 処理ツール「フォーカスまとめ」を用いた単語「景色」を含むテキストのハイライト（画面下部の「複数行表示」ボタンを押したとき）

成要素である単語について，その出現頻度を確認し，それらの単語が使われた理由を確認するのが，最も基本的なテキスト分析となる。この基本手順のうえにあるテキスト分析のポイントは，「出力を確認し，その出力の意味を考える」ことであり，この出力を切り替えるために，さまざまなツールを利用していく。しかし，即座に多くのツールを使いこなせるようになる必要はない。一つずつ，着実に使えるツールを増やしていき，最終的に多くのことができるようになっている状態を目指せばよい。

　例えば PC の初心者が，PC のキーボードを手元を見ないで打つスキルを身

につけたい場合を考える。アルファベットの 26 文字のすべてを，即座に見ないで打つことは難しいだろう。まずはホームポジションとして，右手の人差し指，中指，薬指を「J」「K」「L」のキーの上に，左手の小指，薬指，中指，人差し指を「A」「S」「D」「F」のキーの上に置くところから始める。ホームポジションを覚えれば，その指の真下にある「F」と「J」のキーは，すぐに見ないで打つことができるだろう。最初はこの二つのキーだけでいい。つぎに中指の「D」と「K」を見ないで打てるようにする。そして，薬指の「S」と「L」，小指の「A」のキーを覚える。

　その後，右手の人差し指のホームポジションから一つ上の「U」のキーを見ないで打ってホームポジションに戻る練習をすると，「U」のキーも打てるようになる。続いて，左手の人差し指の一つ上の「R」，右手の人差し指の一つ下の「M」，左手の人差し指の一つ下の「V」と，一つずつの練習を繰り返すことで，やがてすべてのキーを見ないで打つことができるようになる。ポイントは，「一度にたくさん」ではなく「一つずつ」にある。

4　**一般化したテキスト分析の手順**　　本項の冒頭で示したテキスト分析手順においては，最も基本的なテキスト分析として「単語の頻度」を確認する手順を示した。そのテキスト分析のためのツールを選択する手順を含めて書き直すと以下のようになる（括弧内に対応する意思決定のためのデータ分析プロセスの手順を示す）。

1)　TETDM を起動してテキストを入力する。

2)　[ツールを選択する] 操作を行う（「4. ツール選択」）。

3)　[選択したツールによる処理結果] が表示される（「5. データ処理」「6. データ可視化」）。

4)　出力の中で気になる [ツールの結果] を見つける（「7. 結果の収集」）。

5)　気になった [ツールの結果] がなぜ出力されたのか，その意味を考える（「9. 結果の解釈」）。

　すなわち，どのツールを使う場合でもこの手順は同じであり，一つ使えるツールが増えれば，そこで切り替えられるツールの選択肢が増えることになる。そ

こで以下では，テキスト評価アプリケーションと，そこからセットできるツールについて説明する。

4.1.3 まとめとエディタ

図 **4.4** に，テキスト評価アプリケーションで「まとめとエディタ」ボタンを押したときの画面を示す。このツールセットでは，テキストの入力を行ったり，前処理としてのテキスト整形を行うことができる。パネル構成としては，中央のパネルには処理ツール「テキスト評価（分析結果まとめ）」が，右のパネルには処理ツール「テキストエディタ」がセットされる。

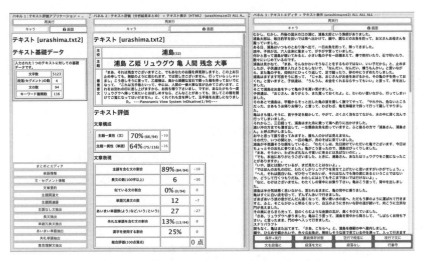

図 **4.4** ツールセット「まとめとエディタ」の出力

1 ツール「テキスト評価（分析結果まとめ）」　処理ツール「テキスト評価（分析結果まとめ）」では，入力したテキストのさまざまな情報を確認できる。

「主役」のところには，入力したテキストに主語として最も多く登場した単語が表示される。「主題」と「最重要文」のところには，処理ツール「文章要約（展望台）」が抽出したキーワードと重要文が表示される。ここで抽出された単語は，主題一貫性を評価するときの主題にも用いられる。

　続いてのテキスト評価の出力においては，文章の書き方を評価する項目が並んでおり，「文章構成」と「文章表現」のそれぞれで評価が行われ，最終的に100点満点からの減点方式での採点結果が表示される。各項目の意味，利用している処理ツール，減点の方法を**表 4.1** に示す。

表 4.1　処理ツール「テキスト評価（分析結果まとめ）」の
　　　　　評価項目の減点方法

項目名 意　味	利用している処理ツール 減点方法
「主題一貫性（文）」 主題に関連する文の割合	「主題関連文評価（光と影）」 80%を切ると，1%ごとに 1 点減点
「主題一貫性（単語）」 主題に関連する単語の割合	「主題関連語評価（川下り）」 80%を切ると，1%ごとに 1 点減点
「主語を含む文の割合」 主語を含む文の割合	「主語抽出」 主語を含まない文一つにつき 1 点減点
「長文の数」 100 字以上の長文の数	「長文抽出」 一つにつき 5 点減点
「単語冗長文の数」 同じ単語が 2 回以上使われている文の数	「単語冗長文抽出」 5 つを超えると一つにつき 1 点減点
「あいまい単語数」 「よう」「など」「いう」「という」の使用数	「単語抽出（文章評価用）」 一つにつき 1 点減点
「失礼な単語を含む文の割合」 失礼な可能性のある単語を含む文の割合	「失礼単語抽出」 20%を超えると，1%ごとに 1 点減点
「漢字を使用する割合」 文字について漢字が使用されている割合	「漢字の割合」 35%を超えると，1%ごとに 2 点減点

　最後に「総合評価」として，点数が100点満点で表示される。点数が高いほど入力テキストは文章として読みやすいといえる。そのため，読みやすい文章を作成したい場合は，これらの減点がなされている箇所を見直して修正することでよりよい文章を書くことができる。また具体的な減点箇所を確認したいときは，「テキスト評価アプリケーション」のほかのツールセットに切り替えるボタンを押すことで確認できる。

　2　**ツール「テキストエディタ」**　処理ツール「テキストエディタ」では，テキストの入力や編集を行ったり，テキストの整形を行うことができる。文章を入力するときには，エディタ部分に文章をコピーアンドペーストで貼り付けた後，パネル下部の「保存＋実行」ボタンを押すと入力できる。

パネル下部にあるそのほかのボタンは，文章の編集や整形を行うために用いられる。**表 4.2** に，テキストエディタにあるボタンとその機能を示す。文章を分析する際には，段落間の関係や，文と文の関係を調べることが多いので文章が段落や文にしっかりと区切られていることが必要となる。そのため，文の区切りの有無やセグメントの区切りの有無や数を確認して，文章の整形を行うために用いていく。

表 4.2　処理ツール「テキストエディタ」のボタンと機能
（エディタ内に表示されているテキストに対する操作）

ボタン名	機　能
「保存＋実行」	テキストを保存して入力テキストとして処理する。
「最終保存状態」	テキストを最後に保存した状態まで戻す。
「空行で段落に」	空の行がある所で段落分けを行う。「保存と実行」も行われる。
「改行で文に」	改行がある所に句点を挿入する。「保存と実行」も行われる。
「文を段落に」	句点がある所で段落分けを行う。「保存と実行」も行われる。
「段落を文に」	段落の区切りを句点で置き換える。「保存と実行」も行われる。
「段落なし」	段落の区切りを削除する。「保存と実行」も行われる。
「行番号」	セグメント番号と文番号を挿入して表示する。

4.1.4　単　語　情　報

テキスト評価アプリケーションで「単語情報」ボタンを押したときの画面を**図 4.5** に示す。このツールセットを用いることで，単語に関する情報，および単語間の関係についての情報を確認することができる。

1　ツールセット「単語情報」の構成　　このツールセットには，4.1.2 項で述べた単語の頻度を出力する処理ツール「単語情報まとめ」が含まれている。右の三つのツールは，「単語情報まとめ」の中でマウスで選択した単語に関連する情報を出力する。右から二つ目の処理ツール「フォーカスまとめ」は，入力テキスト内の選択した単語を含む箇所（単語箇所をピンク，文を黄色，セグメントを肌色）をハイライトして出力する。右から三つ目の処理ツール「関連単語情報」は，選択した単語を含む文によく現れる単語（共起単語）を出現頻度順に表示し，選択した単語との関わりが強い単語を表示する。一番右の処理ツー

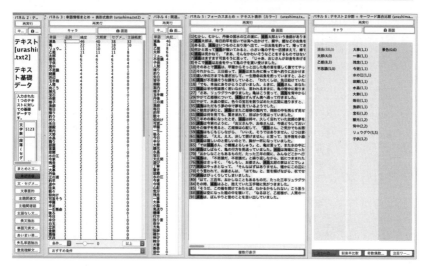

図 4.5 ツールセット「単語情報」の出力

ル「テキスト 2 分割」は，選択した単語を含むセグメントと選択した単語を含まないセグメントとを比較するために，片方に現れやすく他方に現れにくい単語を出力する。

2 ツールセット「単語情報」の出力例 図 4.5 は，テキストエディタで浦島太郎の「文を段落に」整形したうえで，「浦島」を選択した状態の出力となっている。「関連単語情報」からは，「浦島」という単語は「亀」や「乙姫」という単語と同時に使われやすいことがわかる。「フォーカスまとめ」からは，「浦島」という単語が使われている箇所を確認でき，例えば「浦島」という単語は文の最初でよく使われていることがわかる。「テキスト 2 分割」からは，「浦島」という単語と「景色」という単語は，同じ文には使われていないことがわかる。これらの結果は，出力から確認できることの一例であり，実際の分析においては，このような出力がなされた理由を探って解釈を与えたり，なにか気になる結果がないかを探していくことになる。

4.1.5 文・セグメント情報

テキスト評価アプリケーションで「文・セグメント情報」ボタンを押したと

きの画面を図 **4.6** に示す。このツールセットを用いることで，文やセグメント
に関する情報，および文同士，セグメント同士の関係についての情報を確認す
ることができる。

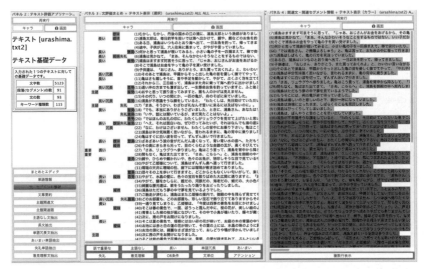

図 **4.6** ツールセット「文・セグメント情報」の出力

1 ツールセット「文・セグメント情報」の構成　　このツールセットに
は，いくつかの文の評価を行うツールの処理結果をまとめて表示する処理ツー
ル「文評価まとめ」と，「文評価まとめ」で選択した文またはセグメントと関連
度が高い文やセグメントをハイライトして表示する処理ツール「関連文・関連
セグメント情報」が含まれている。右から二つめのツール「文評価まとめ」で
は，ツール「テキスト評価アプリケーション」が用いている，文を評価するツー
ルを用いて，各ツールの出力に該当するラベルを文の左側に表示する。それら
の各ラベルの有無をもとに文を絞り込むことや，セグメント単位でラベルの有
無を確認する表示を行うことができる。一番右のツール「関連文・関連セグメ
ント情報」では，「文評価まとめ」で選択した文との類似度が高い順に文を表示
し，その類似度の大きさによってハイライトの明るさを変えて表示する。また
「文評価まとめ」の中でセグメント表示を選択すると，「関連文・関連セグメン

ト情報」の出力も自動的にセグメント単位に切り替わる。

2 ツールセット「文・セグメント情報」の出力例 図 4.6 は，浦島太郎の文章を入力したうえで，浦島が亀を助けたときの一文を選択したときの結果を示している。「文評価まとめ」からは，「長い」のラベルがついた長文が多いことや「曖昧」のラベルがついたあいまいな単語を含む文が多いことがわかる。「関連文・関連セグメント情報」からは，「浦島」と「亀」を含む文が明るく表示されており，浦島や亀に関連する文が多いことがわかる。実際の分析においては，これらの結果について出力の理由を探るとともに，ほかに気になる結果を探していく。

4.1.6 出力の根拠を与えるツール

表 4.3 に，「テキスト評価アプリケーション」にあるツールセットボタンと，ボタンが押されたときにセットされるツールが行う処理を示す。いずれも入力テキスト中の単語や文を評価するツールとなっている。以下で，この表の上から四つのボタンを押したときにセットされるツールについて説明する。

表 4.3　処理ツール「テキスト評価アプリケーション」の
ツールセットボタン

ボタン名	ボタンを押したときにセットされるツールの処理
文章要約	文章中の重要文やキーワードを表示
主題関連文	文章の主題に関係する文をハイライト
主題関連語	文章の主題に関係する単語をハイライト
主語なし文抽出	文章中で主語がない文をハイライト
長文抽出	文章中の長い文をハイライト
単語冗長文抽出	文章中で同じ単語を繰り返し使っている文をハイライト
あいまい単語抽出	文章中のあいまいな単語をハイライト
失礼単語抽出	文章中の失礼になる可能性がある単語をハイライト
意見理解文抽出	文章中の意見を理解する助けとなる文をハイライト

1 ツール「文章要約（展望台）」 テキスト評価アプリケーションで「文章要約」ボタンを押したときの画面を**図 4.7** に示す。処理ツール「文章要約（展望台）」では，文章中の重要文と，重要文の抽出に用いる文章の主題を表す単語を抽出する。右から二つ目のパネルには抽出された重要文が文章中での出現順

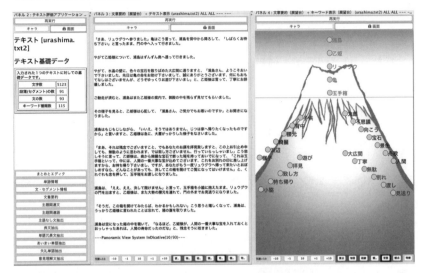

図 **4.7** ツールセット「文章要約」の出力

に表示され，右端のパネルの上部には文章の主題を表す単語が出力されている。右端のパネルではマウス操作によって単語をドラッグして移動させることができ，ユーザが指定する単語を主題として，再度重要文を抽出することができる。このツールによって，ほかの人が書いた文章の主題や重要文を確認して，文章の理解の助けとすることや，自分が書いた文章を入力して，自分が大事と考える単語や文が出力されるかどうかを確認して，それらが出力されるように文章の修正を行っていくことができる。

2 ツール「主題関連文評価（光と影）」　テキスト評価アプリケーションで「主題関連文」ボタンを押したときの画面を図 **4.8** に示す。処理ツール「主題関連文評価（光と影）」では，文章の主題に関連する文を明るく表示する。主題の単語の指定がないときは，処理ツール「文章要約（展望台）」によって抽出された単語が主題に用いられる。右から三つ目のパネルで文章中の各文を，主題との関連度に応じた明るさで表示する。右から二つ目のパネルでは，上側を文章の最初，下側を文章の終わりとして，文章中の各文の主題との関連度の大きさを棒グラフとして表示している。右端のパネルでは主題を表す単語を指定

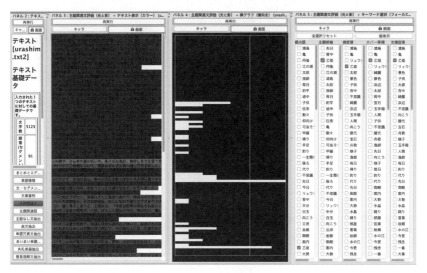

図 4.8 ツールセット「主題関連文」の出力

することができ，チェックした単語を主題とした再処理結果を表示できる。こ
のツールによって，主題との関わりが少ない文を除いたり，主題との関わりが
少ない文に主題を表す単語を含めて書くなどの文章の修正を行うことができる。

3 ツール「主題関連語評価（川下り）」　テキスト評価アプリケーション
で「主題関連語」ボタンを押したときの画面を**図 4.9** に示す。処理ツール「主
題関連語評価（川下り）」では，文章の主題に関連する単語を表示する。右のパ
ネルでは，右上の枠に文章の主題を表す単語が表示される。それ以外に 3 本の
川が流れており，中央の川に文章の主題に関わる単語，右の川に文章の主題に
関わって副題となる可能性がある単語，左の川に主題との関わりが明確でない
単語が表示される。

またこのツールでは，第 1 セグメントからの単語の位置づけの変化をアニメー
ションで再生することができ，各セグメントまでの文章において，各単語が主
題とどのように関わっているかを確認することができる。このツールによって，
主題との関わりが少ない単語を除いたり，主題との関わりが少ない単語を主題
と関連づけて書くなどの文章の修正を行うことができる。

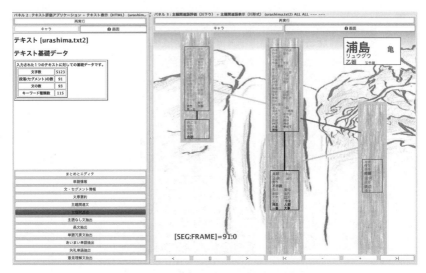

図 **4.9** ツールセット「主題関連語」の出力
（川の拡大図は図 4.25 に示す）

図 **4.10** ツールセット「主語なし文抽出」の出力

4 ツール「主語抽出」 テキスト評価アプリケーションで「主語なし文抽出」ボタンを押したときの画面を図 **4.10** に示す。処理ツール「主語なし文抽出」では，主語がない文をハイライトして表示する。またパネル下部のボタンで，主語をハイライトして表示させることができる。

文章の主語は，格助詞の「が」または「は」の，直前または 2 単語前に出現する「名詞」として判定している。このツールによって，主語がない文に主語を補うなどの文章の修正を行うことができる。

4.2　ツールの選択（4）

本節では，データ分析による意思決定プロセスにおける「4. ツール選択」について述べる。まず，分析の目的に応じたツールの選択について述べたうえで，TETDM が有するツールとその選択方法について述べる。

4.2.1　分析の目的に応じたツールの選択★

1 メジャーなツールとマイナーなツール 表 3.1 で示したように，データ分析の目的の方向性によって利用するツールが異なる可能性がある。すなわち，主要な知識の獲得を分析の目的とする場合はメジャーなツールを，新しい知識の獲得を目指す場合はマイナーなツールを含めて利用することが望まれる。

メジャーなツールとは，信頼度が高い意思決定の根拠として説得力のある結果を出力するツールを指す。ツールの信頼度については 4.5 節で詳しく述べる。また主要な知識を獲得するためには，信頼度が高いツールを用いるだけではなく，結果の中でも主要なもののみを利用することになる。例えば出現頻度など，単語についての指標ランキングが出力されたときに，トップ 10 は主要な結果と呼べるが，50 位や 100 位は主要な結果には該当しない場合が多いと考えられる。

またマイナーなツールとは，必ずしも信頼度が高くない代わりに，目新しさやきっかけを含む結果を出力するツールを指す。多くの人が着目しない，あるいは気づかないところにあるものを出力するツールを用いることで，新しいア

イデアの生成の助けとする。新しい知識の獲得を目指すためには，メジャーなツールの主要でない結果（上述の例ではランキングの下位）に着目したり，マイナーなツールを活用することが必要となる。

2 思考の幅を広げるためのツールの選択 分析の目的を達成するためには，最初に利用を想定したツール以外にも，さまざまなツールを試してみることも効果的である。TETDM を用いないデータ分析の多くの場合，分析の目的のために用いるツールを定め，そのツールを使うための環境設定やインストールを行う必要がある。すなわち，分析のためのツールは最初から一つだけに限られてしまう。

これに対して TETDM では，さまざまなツールの選択肢が用意されており，分析開始時の想定範囲を超えて，目的を達成できる可能性がありそうなツールを手軽に試すことができる。特に 3.2 節で述べたデータ駆動型の分析においては，分析の目的を策定するための分析を行う必要があり，データ駆動型に加えて，手元のツールでいろいろ試す中で分析の目的を見つける**ツール駆動型**のデータ分析を行うことができると大きな強みになる。

またデータ分析に不慣れな人は，そもそもどのようなツールが存在するかの知識を持っていないことも多い。そのため，さまざまな分析手法に手軽に触れられる環境を用いることは，分析スキルを獲得するための近道になると期待できる。

4.2.2 TETDM のツール

1 TETDM の処理ツールの一覧 テキストマイニングの処理はおもに，文章を構成する単語，文，セグメント（段落または文章）をそれぞれ評価するものと，単語間，文間，セグメント間の関連度を評価する六つの処理に分類できる。TETDM の処理ツールの一覧†を**図 4.11** に示す。主要な六つの処理以

---

† TETDM 内のツールは，任意の利用者が作成して追加することができる仕様となっている。そのため，必要なツールが足りないときには利用者自身が作成，あるいはプログラミングができる開発者と連携することでツールを追加することができる。詳細は TETDM サイト（https://tetdm.jp）の開発者向け情報をご確認いただきたい。また，今後の TETDM のバージョンアップ時にもツールが追加されることがある。

```
┌─ セグメント評価（セグメントにフォーカス）─┐
│ セグメント情報まとめ                      │
│ レポート評価（結果＋意見）                │
│ コミュニケーション要約                    │
└───────────────────────────────────────┘
```

```
┌────── 文評価（文にフォーカス）──────┐
│ 文情報まとめ 文評価まとめ 文章要約（展望台）│
│ 意見理解文抽出 主題関連文評価（光と影）    │
│ 単語抽出（文章評価用）単語冗長文抽出       │
│ 類似文抽出 失礼単語抽出                   │
│ 長文抽出 主語抽出 主題関連語評価（川下り）  │
└───────────────────────────────────────┘
```

```
┌────── 単語評価（単語にフォーカス）──────┐
│                          初出単語検出     │
│ 単語情報まとめ 文内キーワード抽出（Yahoo）│
│ 単語頻度リスト 単語抽出 TFIDF 単語出現分布│
│ 専門用語抽出（FLR）専門用語抽出（C-Value）│
│ 専門用語ハイライト 文内キーワード抽出（頻度）│
└───────────────────────────────────────┘
```

```
┌────── テキスト評価 ──────┐
│ テキスト評価（分析結果まとめ）│
│ 主題語含有率 漢字の割合      │
└───────────────────────────┘
```

```
┌──── 文書整形 ────┐    ┌─ 情報 ──┐
│ テキストエディタ 単語置換│   ┌ アクセス ─┐
│ セットセグメント テキスト2分割│ │ URL アクセス │
│ 段落並び替え          │    │ 2ちゃんアクセス│
└───────────────────┘    └─────────┘
```

```
┌── セグメント間，文間，単語間の関連度評価 ──┐
│ 単語間関連度 関連単語情報                  │
│ 関連文・関連セグメント情報                 │
│ 段落順序評価（トップダウン）               │
│ テキスト分類（再帰的クラスタリング）        │
│ テキスト間類似度（独自性）                 │
│ 段落間木構造（類似度，トップダウン）        │
│ 段落間ネットワーク 段落間類似度表示        │
│ （類似度順，ばねモデル）                   │
└───────────────────────────────────────┘
```

```
┌────── ツール選択支援 ──────┐
│ 英文読解アプリケーション         │
│ タイピングアプリケーション       │
│ テキスト評価アプリケーション     │
│ テキスト集合評価アプリケーション │
│ 文章推敲アプリケーション         │
│ プロフィールチェック             │
└───────────────────────────────┘
```

```
┌────── その他 ──────┐
│ 形態素解析（Igo）英文音読 なし │
│ 形態素解析サンプル（Igo）      │
│ 辞書（オンライン）辞書再構築    │
│ タイピング フォーカス情報       │
│ プログラムチェック　サンプル1   │
│ データ送信テスト　サンプル2     │
│ 連動データ確認（フォーカス）    │
└───────────────────────────┘
```

図 **4.11** TETDM の処理ツールの一覧（バージョン
4.30 時点，下線は可視化ツール）

外に「テキスト評価」に属するツールは，テキスト全体を評価する処理を行う。

　TETDM の処理ツールには，テキストマイニングのおもな処理以外に，「情報アクセス」「文書整形」「ツール選択支援」などのデータ分析を支援するツールが含められている。「情報アクセス」に属するツールは，データ分析の対象とする入力テキストをインターネットから取得する支援を行う。「文書整形」に属するツールは，入力テキストの前処理の一つである文章の整形を行う。「ツール選択支援」に属するツールは，次節で述べるツール選択において，分析の目的に応じたツールの選択を支援する。

　「その他」に属するツールには，テキスト分析の前処理の一つとなる形態素解析を行うツール「形態素解析（Igo）」や，テキスト分析時に単語を検出するた

めの辞書を再構築するツール「辞書再構築」がある。そのほか，データ分析には直接関係しないツールとして，文章読解を助けるためにインターネット上のオンライン辞書にアクセスするツール「辞書（オンライン）」や，タイピングの練習ができるツール「タイピング」などが含まれている。

2 **TETDM の可視化ツールの一覧** データ分析の結果を表示するための可視化処理はおもに，一次元の数値データ，二次元の数値データ，テキストデータ，特定の処理結果の四つに分類できる。TETDM の可視化ツールの一覧を図 **4.12** に示す。

```
┌─ テキスト表示フォーマット ─────┐   ┌─ データ表示フォーマット ──────┐
│ テキスト表示 テキスト表示（カラー） │   │ 円グラフ 棒グラフ（横向き）      │
│ テキスト表示（HTML）           │   │ 折れ線グラフ                  │
│ テキスト表示（選択）           │   │ 折れ線グラフ（表示調整可）       │
│ テキスト表示（2 テキスト）       │   │ レーダーチャート              │
│ ファイル内容表示               │   │ 順位表示（評価値順）            │
└───────────────────┘   └───────────────────┘

┌─ 前処理結果を利用した可視化 ────┐   ┌──── データ選択支援 ───────┐
│ 段落間木構造（トップダウン）      │   │ 表形式表示                   │
│ 段落間類似度表示               │   │ キーワード選択（フォーカス指定）  │
│ 段落間ネットワーク（類似度順）    │   └───────────────────┘
│ 段落間木構造（類似度）          │   ┌── 特定処理ツールの結果の可視化 ─┐
│ 段落間ネットワーク（ばねモデル）  │   │ キーワード表示（展望台）         │
└───────────────────┘   │ キーワード集合比較             │
                               │ 主題関連語表示（川形式）         │
┌────── その他 ─────────┐   │ 単語間関係（関連度）            │
│ 連動データ表示（フォーカス）     │   │ 文内キーワード表示（タグクラウド）│
│ サンプル表示 1 なし            │   │ 専門用語表示                 │
│ サンプル表示 2               │   │ 段落間ネットワーク（評価値順）    │
│ タイピング問題（数字）          │   │ テキスト分類表示（地図形式）      │
│ タイピング問題（色）           │   │ 段落並び替え                 │
└───────────────────┘   └───────────────────┘
```

図 4.12 TETDM の可視化ツールの一覧
（バージョン 4.30 時点）

　一次元の数値データを可視化するツールは「データ表示フォーマット」に，二次元の数値データの可視化するツールは「データ選択支援」の「表形式表示」と「前処理結果を利用した可視化」に分類されている†。また，テキストデータの

---

† 「表形式表示」は二次元のデータを表形式で可視化し，「前処理結果を利用した可視化」では二次元のデータ間の関連度をネットワークとして可視化する。

可視化は「テキスト表示フォーマット」に，特定の処理結果の可視化は「特定処理ツールの結果の可視化」に分類されている。

4.2.3　TETDM のツールの選択方法

1　処理ツールと可視化ツールの選択　　TETDM においてパネルにツールをセットする方法を**表 4.4** に示す。

表 4.4　パネルにツールをセットする方法

セット方法（下記ボタンを押す）	利用可能な起動モード
1) アプリケーションツール内のボタン	スーパーライト，ライト，通常，拡張
2) パネル内の「セット」	ライト，通常，拡張
3) メニューウインドウの「戻す」	ライト，通常，拡張
4) メニューウインドウの「名称」「画像」	通常，拡張
5) パネル内の「名称」「画像」	拡張

1) はアプリケーションツール（図 4.11 のツール選択支援の枠内のツール）内のボタンを押すと，あらかじめ用意されているツールセットが自動的にパネルにセットされる。本章の冒頭で述べたツール「テキスト評価アプリケーション」内のボタンもこれに該当する。

2) のパネル内の「セット」ボタンを押すと，そのパネルにセットされている処理ツールの開発者が利用を想定するツールセットが自動的にパネルにセットされる。

3) のメニューウインドウの「戻す」ボタンを押すと，現在の一つ前のツールセットに戻すことができる。2) の「セット」ボタンと組み合わせて用いると，いろいろなツールを「セット」して「戻す」試行錯誤を行いやすい。

4) のメニューウインドウの「名称」「画像」ボタンを押すと，すべてのパネルのツールセットを変更するためのツール選択ウインドウが表示される。通常モードでメニューウインドウの「名称」ボタンを押したときに表示されるツール選択ウインドウを**図 4.13** に示す。このウインドウの中央に円環状に並べられた処理ツールと，円環の外側に並べられた可視化ツールの中から一つずつツールを選び，画面上部の各パネルの枠内に，ツールをマウスでドラッグして移動

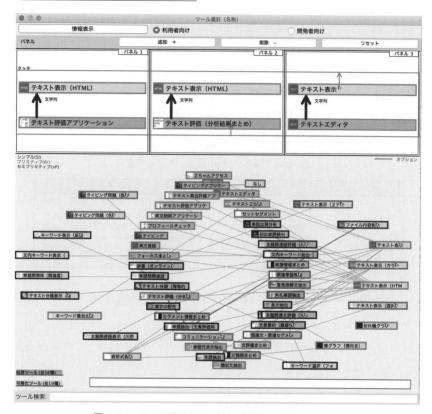

図 4.13 ツール選択ウインドウ（通常モードでメニュー
ウインドウの「名称」ボタンを押したとき）

させることでツールをセットできる。「画像」ボタンを押したときには，ツール名が表示されずツールのアイコンのみが表示された同様のウインドウが表示される。またツールを探しにくいときには，ウインドウ下部の検索フォームにツール名称を入力することでツールを検索することもできる。

5) の各パネル内の「名称」「画像」ボタンを押すと，特定のパネルのツールを変更するためのツール選択ウインドウが表示される。拡張モードでパネル内の「名称」ボタンを押したときに表示されるツール選択ウインドウを図 4.14 に示す。このウインドウ上でウインドウの左半分の処理ツールと，右半分の可視化ツールの中から一つずつツールを選び，パネルにセットできる。「画像」ボタン

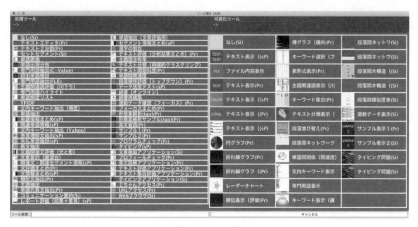

図 4.14 ツール選択ウインドウ（拡張モードでパネル内の
「名称」ボタンを押したとき）

を押したときには，ツール名が表示されずツールのアイコンのみが表示された
同様のウインドウが表示される。またツールを探しにくいときには，ウインド
ウ下部の検索フォームにツール名称を入力することでツールを検索することも
できる。

2 　**処理ツールと可視化ツールの組合せ**　　本項**1**の 4) や 5) で組合せが
可能な処理ツールと可視化ツールについて，ペアの片方として処理ツールを選
択したときには，組合せが可能な可視化ツールがハイライトされ，ペアの片方
として可視化ツールを選択したときには，組合せが可能な処理ツールがハイラ
イトされる。

　ハイライトされる組合せは，ツールの開発者が利用を想定する組合せに限ら
れるが，それ以外にも，処理ツールが出力するデータを受け取れる可視化ツー
ルとの組合せをセットすることが可能となっている。また，単語の出現頻度や
単語の出現位置などの前処理結果のみを利用する可視化ツールには処理ツール
を必要としないものがあり，そのときは処理ツール「なし」と組み合わせて利
用する。

4.3　処理ツールによるデータ分析（5）

本節では，処理ツールによるデータ分析の意味を述べたうえで，代表的な分析手法とその意味について述べる（図 1.3 の「**5. データ処理**」）。処理ツールの処理は，4.2.2 項で述べたように，単語，文，セグメントの評価，および単語間，文間，セグメント間の関連度評価に大別される。

4.3.1　処理ツールによるデータ分析の意味★

1　データ分析による指標の出力　データ分析を行うツールは，処理結果として一つの**指標**を出力し，われわれはその指標をもとにデータに対する判断を行う。判断材料としての指標の数は多いほうが望ましく，一つのツールから複数の指標が得られる場合もあるが，より多くの指標を用いるためには，複数のツールを利用していく必要が生じる。そのため，前節で述べたツールの選択によって，分析の目的に沿ったツールを複数使えることが望ましい。

2　指標の出力と深層学習による AI システム　一つの指標を得るという点においては，深層学習を用いた AI システムもツールの一つとみなすことができる。すなわち，AI システムによって最も適切と評価される出力が一つの指標となり，その指標を元に人間がデータに判断を下す点では同じと捉えることができる。多くの AI システムは，大量のデータをもとに時間をかけて学習した内容を用いて指標を出力するため，その出力の信頼度の高さに注目が集まっている。しかし，その出力をもとに人間が判断を行うためには，出力の根拠が必要となるが，現時点ではその根拠を明示するのが難しいことが，深層学習を用いた AI システムの弱点になっている。

したがって，AI システムの弱点を補う意味においても，目に見える単語，文，セグメントの評価，およびその組合せの評価指標を用いることは有用であり，AI システムの出力と組み合わせて用いることで，出力の根拠の獲得に向けて，データ分析のための処理ツールを活用することが期待できる。

4.3.2　単 語 の 評 価

1　単語の頻度評価　　単語の評価手法の多くは，ある単語が文章中に何回出現するかという**出現頻度**を用いて評価される。体裁が整った文章は，主題となる単語について一貫性があるため，文章の主題に関わる重要な単語の出現頻度は高くなる。またアンケート調査における自由記述の分析においても，多くの人に使われる単語は，それだけ出現頻度が高くなり，多くの人が着目している重要な単語として捉えることができる。

しかし，頻度が高い単語のすべてが重要な単語になるとは限らない。例えば助詞や助動詞は，どのような文章を書く場合にも必要になるため，データ分析においては必ずしも重要な単語にはならない。また名詞であっても，「とき」「こと」「もの」のような形式名詞は，重要な単語にならない可能性が高い。このように，まず評価対象として適切な単語を選別したうえで，その中で頻度が高い単語を評価する。TETDM を用いる際には，キーワード設定において，評価対象とする品詞を指定したり，評価対象外とする単語を指定してから処理を行う。

分析対象データとして文章集合が集められた際に，各文章に特有の単語を評価する代表的な手法に，**TF-IDF**（term frequency - inverse document frequency）と呼ばれる手法がある。例えば，「冷蔵庫」についてのレビュー集合の分析においては，各レビューで「冷蔵庫」という単語の頻度が高くなると予想されるが，それはその投稿者の主張を表す単語としては適切ではなく，冷蔵庫のどんな機能や特性に着目しているかの情報を抽出することが望まれる。

2　TF-IDF による単語評価　　TF-IDF では，単語の頻度（term frequency）と，ほかのセグメント（文章や段落）に存在しない単語として，単語が使われているセグメントの総数の逆数（inverse document frequency）と組み合わせた指標を用いる。すなわち，あるセグメントにはよく出現して，ほかのセグメントにはあまり出現しない単語を高く評価することで，あるセグメントに特有の単語を抽出する。セグメント d における単語 w の TF-IDF 値（$TF\text{-}IDF(w,d)$）を計算する式の例を式 (4.1) に示す。ただし，$TF(w,d)$ はセグメント d に単語 w が出現する回数，$DF(w)$ は単語 w が使われているセグメント

の総数（**文書頻度**）を表す。

$$TF\text{-}IDF(w,d) = \frac{TF(w,d)}{FREQ(d)} \times \frac{1}{\log(DF(w)+1)} \tag{4.1}$$

$TF(w,d)$ の値はセグメントの長さの影響を抑えるために，セグメント d に含まれる単語総数 $FREQ(d)$ で割り算する。また，セグメントの総数は一つのセグメント内に出現する単語の頻度よりも大きな数になることが多いため，$DF(w)$ が大きくなりすぎることを避けるために，対数 $\log$ をとった値が一般に用いられる。分母で 1 が加算されているのは，$DF(w)=1$ のときに分母が 0 になって計算不能になるのを避けるためである。

TF-IDF 値の計算例を図 **4.15** の五つの文書をもとに示す。ただし，図中の各文書はそれぞれ五つの単語からなるとして，「自動車」「運転」「駐車」「購入」の各単語の TF-IDF 値を計算する。各単語の文書内の出現頻度（TF 値）はすべて 1，文書に含まれる単語総数（FREQ 値）は 5 とする。また，各単語「自動車」「運転」「駐車」「購入」の文書頻度（DF 値）は，それぞれ，4，3，2，1 とする。単語「自動車」の TF-IDF 値は，式 (4.2) のように計算される。

$$\begin{aligned}
TF\text{-}IDF(\text{自動車},d) &= \frac{TF(\text{自動車},d)}{FREQ(d)} \times \frac{1}{\log(DF(\text{自動車})+1)} \\
&= \frac{1}{5} \times \frac{1}{\log(5)} \fallingdotseq \frac{1}{5 \times 0.7} \fallingdotseq 0.29
\end{aligned} \tag{4.2}$$

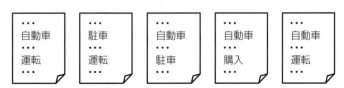

図 **4.15**　TF-IDF による単語評価の例（五つの文書において TF-IDF による評価の高い単語は，それぞれ「運転」「駐車」「駐車」「購入」「運転」になる）

同様に，「運転」「駐車」「購入」の TF-IDF 値は，それぞれ 0.33，0.42，0.67 と計算され，ほかの文書に現れない単語ほど，評価値が高くなる。各文書から評価値の高い単語を一つ選ぶと，図 4.15 の五つの文書において，左からそれぞ

れ，「運転」「駐車」「駐車」「購入」「運転」が，各文書に特有の単語として抽出
される。

　処理ツール「TFIDF」による，浦島太郎における TF-IDF 値の計算例（文を
セグメントに整形して計算した場合）を図 **4.16** に示す。浦島太郎の文章で最
も頻度が高い「浦島」という単語が，多くのセグメントで選択されず，「丹後」
「釣竿」のようにそのセグメントに特有の単語が評価されている。

図 **4.16**　処理ツール「TFIDF」による浦島太郎の TF-IDF 値
の計算例（文をセグメントに整形して計算している）

3　**単語辞書の活用による単語評価**　　ツールの外部において，あらかじめ
評価対象となる単語が用意されている場合がある。評価対象となる単語の集合
を，単語の辞書として用意し，それら辞書にある単語を，テキストがどこにど
れだけ含んでいるかを確認することで，テキストの評価に繋げることができる。
　例えば，TETDM のツール「単語抽出（文章評価用）」では，「よう」「など」
「いう」「という」という四つの単語をあいまいな単語として定義し，これらの
単語を含む文章中の箇所を特定する。また，ツール「失礼単語抽出」では，失
礼になる可能性がある単語 1154 個があらかじめ用意され，それらの単語を含
む文章中の箇所を抽出している。

4.3.3 単語間の関連度評価

1 単語の共起頻度 文章中で，どの単語とどの単語の間に強い関係があるか，単語間の関連度を測る基本的な指標として，同時に用いられやすい単語を数えた**共起頻度**が用いられる。すなわち，単語 A と単語 B が一つの文に同時に出現しやすいほど，単語 A と単語 B の間には関係があると考えることができる。例えば，「浦島」と「太郎」が同じ文中に現れやすければ，また「自動車」と「運転」が同じ文中に現れやすければ，これらの単語間には関係があるとみなすことができる。これらの単語が同じ文に現れた回数を数え，単語 A と単語 B の共起頻度とする。この共起頻度の値が大きいほど，それらの単語間には関係があるといえる。

前出の例では文を単位として説明したが，文よりも大きなセグメントを単位として考えることもできる。すなわち，セグメントごとに単語の共起頻度を数え，より多くのセグメントで同時に用いられやすい単語を評価することもできる。五つの文書における単語の共起頻度の例を図 **4.17** に示す。この図のように文書単位で見た場合，「自動車」と「運転」の共起頻度は 3 となる。

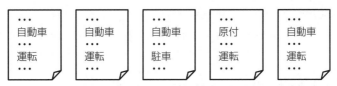

図 **4.17** 五つの文書における単語の共起頻度の例
（「自動車」，「運転」の出現文書頻度は 4，「自動車」
と「運転」の共起頻度は 3）

2 単語間の cos 類似度 この共起頻度を文章の長さに相当する値で割り算した **cos（コサイン）類似度**と呼ばれる指標がよく用いられる。すなわち共起頻度は，長い文章ほど文やセグメントの数が増えて値が大きくなるため，文章の長さで基準化（正規化）することで，異なる文章間で類似度の値を相対的に比較できる指標にする。

単語 w_1 と単語 w_2 の cos 類似度（$cosSIM(w_1, w_2)$）は，式 (4.3) で表される。ただし，$CF(w_1, w_2)$ は単語 w_1 と単語 w_2 の共起頻度，$TF(w_1)$ と $TF(w_2)$ は

単語 w_1 と単語 w_2 の出現文書頻度（文の共起頻度を用いるときは単語が出現する文の数，セグメントの共起頻度を用いるときは単語が出現するセグメントの数）を表す。

$$cosSIM(w_1, w_2) = \frac{CF(w_1, w_2)}{\sqrt{TF(w_1) \times TF(w_2)}} \tag{4.3}$$

図 4.17 の例をもとに，「自動車」と「運転」の cos 類似度を計算した例を式 (4.4) に示す。

$$
\begin{aligned}
cosSIM(自動車, 運転) &= \frac{CF(自動車, 運転)}{\sqrt{TF(自動車) \times TF(運転)}} \\
&= \frac{3}{\sqrt{4 \times 4}} = \frac{3}{4} = 0.75
\end{aligned}
\tag{4.4}
$$

cos 類似度は，単語 w_1 と単語 w_2 をそれぞれの出現状況を表すベクトル（矢印）として表したときの，ベクトル間の角度を表す値（コサイン値）として 0 から 1 の値をとる。また各ベクトルの大きさが基準化（ベクトルの大きさが 1 に

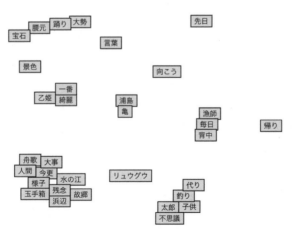

図 **4.18** 処理ツール「単語間関連度」の cos 類似度による「浦島太郎」の文章の単語配置（出現頻度 2 以上の単語。関連度が高い単語が近くに配置される）

正規化）されているときは，統計学でよく用いられる相関係数（ピアソンの積率相関係数）の値に一致する。cos 類似度による関連度は，処理ツール「単語間関連度」などを用いることで確認できる（図 4.18）。図 4.17 および式 (4.4) の例の場合は，「自動車」の**単語ベクトル**は (1,1,1,0,1)，「運転」の単語ベクトルは (1,1,0,1,1) となり，二つの単語のベクトルがなす角度は約 $41°$（$\cos(x) = 0.75$ となる x の角度。角度の範囲は $0 \sim 180°$ で角度が小さいほど意味が近くなる）として，感覚的に理解することができる。

　類似度の指標はほかにもいくつか提案されているが，式 (4.3) の割り算における分母の値が異なるのが基本的な違いであり，分子に共起頻度を用いる点は共通している。

4.3.4　文・セグメントの評価

1　単語の評価値の和による評価　　文やセグメントの評価は，多くの場合，文やセグメントが含む単語の評価の総和として与えられる。例えば文章中の重要文を抽出する場合，文が含む各単語の重要度の評価値を求めたうえで，その評価値の和を文の評価値とする。すなわち，重要な単語をたくさん含む文ほど重要な文と考えられることによっている。同様にセグメントの評価は，セグメントが含む単語の評価値の和とする場合や，文の評価値の和として与えられる。いずれの場合も，文やセグメントが含む単語を基本として評価値が計算される。例えば，処理ツール「文章要約（展望台）」による重要文抽出がこれに該当し，単語の評価値の和から重要文の抽出を行っている。

2　文章の見た目による評価　　そのほかの単語によらない評価方法としては，文やセグメントの文字数を用いる評価や，漢字，カタカナ，ひらがな，などの表記による評価が挙げられる。これらは文章の内容よりも，文章の形式や体裁を重視した評価を行う場合に用いられる。例えば，「漢字の割合」や「長文抽出」などの処理ツールが該当し，前者は全文字数に対する漢字が使用されている割合を評価し，後者は一文の文字数を数えて評価を行っている。

4.3.5 文間・セグメント間の関連度評価

1 文間・セグメント間の cos 類似度　　文間・セグメント間の関連度の評価には，単語間の関連度の計算と同様に，文やセグメントを，それぞれが含む単語の情報をもとにベクトルで表現し，そのベクトル間の cos 類似度を用いる手法が広く用いられる。すなわち，式 (4.3) において，文 s_1 と文 s_2 がともに含む単語の数 $CF(s_1, s_2)$ を分子に，文 s_1 と文 s_2 が含む単語種類数を $TF(s_1)$ と $TF(s_2)$ に用いることで，cos 類似度を計算できる。例えば，処理ツール「テキスト間類似度（独自性)」も cos 類似度を利用して，テキスト集合内でほかのどのテキストとも似ていない独自性が高いテキストの評価を行っている。

2 文間・セグメント間の類似度を用いた文章分類　　文やセグメント間の関連度が計算できると，関連度が高い文書のグループを構成して，文書分類を行うことができる。関連度をもとに文章を分類する処理ツール「テキスト分類

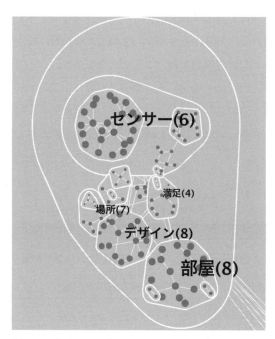

図 **4.19** 処理ツール「テキスト分類」による「ヒーター」の
レビュー集合の分類

（再帰的クラスタリング）」[5] による，ある「ヒーター」のレビュー集合を分類した結果を図 **4.19** に示す。レビュー集合に，「部屋」「センサー」「デザイン」の話題が一定数存在することが確認でき，レビューの全体の傾向の把握に繋げることができる。

4.3.6 処理ツールの意味理解★

データ分析に用いる処理ツールの選択や処理結果の解釈のためには，各処理の意味を理解している必要がある。処理ツールの詳細な処理手順（アルゴリズム）を理解できるに越したことはないが，アルゴリズムの理解には学術論文を読む必要があったり，データ分析手法の理論的な知識の理解が必要となったり，あるいは処理手順を説明する資料がない場合があるなど一般には困難が伴う。

本格的にデータ分析を極め，新しいデータ分析手法を開発する人でもなければ，アルゴリズムの数式ではなく，ツールが行う処理の意味を理解できれば十分である。すなわち，処理ツールがなにを出力するかを，数式ではなく簡単な言葉で説明できるだけの知識を持つことが大事である。

TETDM の処理ツールの意味の例を表 **4.5** に示す。処理の結果に対する信頼度は，後述の 4.5 節で触れるが，ツールの出力を信頼できる場合，このレベルの意味を理解してさえいれば分析を行うことができる。このような各ツールの意味は，TETDM のチュートリアル「ツールの説明」で説明がなされているので，ぜひお試しいただきたい。

表 **4.5** 処理ツールの意味の例

処理ツール	ツールの意味
文章要約（展望台）	文章の中の主題を表す単語と重要文を抽出
主題関連文評価（光と影）	主題を表す単語に関係する文を抽出
主題関連語評価（川下り）	主題を表す単語に関係する単語を抽出
意見理解文抽出	意見の理解を助ける文を抽出

4.4　可視化ツールによるデータ可視化（6）

　本節では，データ分析の処理結果を可視化することの意味を述べたうえで，代表的な可視化手法と可視化ツールの例について述べる（図 1.3 の「**6. データ可視化**」）。可視化処理は，4.2.2 項で述べたように，一次元の数値データ，二次元の数値データ，テキストデータ，特定の処理結果の可視化に大別される。

4.4.1　可視化ツールによるデータ可視化の意味★

1　直感的な出力の理解を助ける可視化　　可視化ツールによるデータ可視化は，人間が出力結果を直感的に理解でき，その意味を捉えやすくするために行われる。直感的な出力の理解を助ける可視化の例として，ある一つの点数を出力する場面を考える。もし，グラフィカルな可視化をなにも行わない場合，「あなたの点数は 80 点です」のように出力すればよく，出力から得られる情報量としても，なんら欠けるところはない。しかし，より直感的にこの点数を把握するためには，点数に比例した大きさの円を描いてその中に点数を表示したり，点数に応じて色を変えて出力する，あるいはその点数に一喜一憂するキャラクターの表情と合わせて可視化するなどによって，点数から受ける印象が変わってくる。

　また，複数の出力結果を総合的に解釈する必要がある場合，各結果がどのようであったかを頭の中で記憶している必要があり，そのためには各出力がなんらかの形で印象づけられる必要がある。すなわち，出力を印象という感覚的な記憶として残すためにも可視化は有効になる。

2　出力の傾向の把握を助ける可視化　　われわれはデータ分析によって，データ全体を表す大局的な因果関係を表す知識の獲得を目指しており，そのためには，多くのデータに当てはまる傾向を確認できたほうが効率がよくなる。すなわち，知識獲得に向けた出力結果の解釈においては，出力結果の抽象化を繰り返す必要があり，可視化ツールはその抽象化を助けるツールとして役立てられる。

　出力結果の抽象化の第一歩は，同じ傾向を示すグループの発見となる。その意味では類似データをまとめるデータ分類を行う手法とその結果の可視化は，データ全体の傾向を捉えるための有効な可視化手段の一つとなる。また可視化は必ずしもグラフィカルに行われる必要はなく，テキストベースであってもデータを整理して表示するものであれば，それは一つの可視化と呼ぶことができる。例えば，国体では都道府県ごとのポイントが競われるが，このポイントが高い順にデータのソート（並べ替え）を行って表示することも可視化となる。単に北から順に，都道府県名とポイントが並べられた一覧の結果を確認することに比べ，ソートが行われた結果の上位に現れる都道府県の情報を見ることができれば，都道府県を抽象化した地方（関東地方や近畿地方，あるいは東日本や西日本）の傾向が確認しやすくなる。

3　**出力の位置づけの確認を助ける可視化**　　出力結果の抽象化以外に可視化が有効になる場面として，個々の出力結果について，その傾向や位置づけを確認したい場合がある。例えば，ある時系列データを折れ線グラフを用いて可視化することで，その時系列データが上昇傾向にあるか否かを確認したり，時系列データの中でいつ最大値や最小値を記録したかを確認しやすくできる。

　テキストデータの分析においても，単語を出力するだけではなく，その単語がもとの入力文章のどこでどのように使われていたかを確認できるようにすることは，その単語が出力された意味を確認するために必要となる。そこで，もとの入力文章を表示する中で，出力対象となった単語をハイライトする可視化によって，出力された単語の位置づけを確認できるようになり，その単語の意味を考える助けとすることができる。

4.4.2　一次元の数値データの可視化

　処理ツールの処理結果として，各単語，各文，各セグメントの評価結果が数値として与えられる場合，それらは一次元の数値データとなる。そのような一次元の数値データを表示する可視化ツールとして，「折れ線グラフ（**図 4.20**）」，「円グラフ」，「棒グラフ（横向き）」などが用意されている。

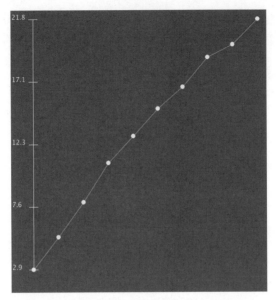

図 4.20　可視化ツール「折れ線グラフ」による表示例

　数値データの可視化は，全体の傾向や変化を直感的に捉えるために有効となる。しかし，数値データは意味を言葉として表現はしないため，可視化された情報のどこに目をつけるかを初めとして，出力の意味の解釈の大部分が人間に委ねられる。

　一方で，一次元数値データの可視化方法の多くは，折れ線グラフや棒グラフのように普段から目にする機会が多く，出力の見方を学ぶ必要がないのが利点となる。

4.4.3　二次元の数値データの可視化

　処理ツールの処理結果として，各単語，各文，各セグメントの評価結果が数値として与えられ，その評価項目が複数になる場合，それらは二次元の数値データとなる。二次元の数値データを表示する可視化ツールとして，「表形式表示（図 4.21）」が用意されている。

　単語間，文間，セグメント間の関係が数値として与えられる場合もそれらは二

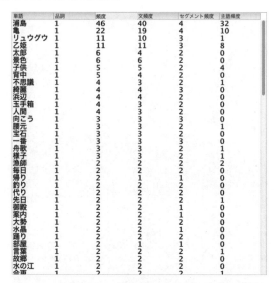

図 **4.21** 可視化ツール「表形式表示」による「浦島太郎」に
おける単語の頻度情報の表示例

次元の数値データとなる。そのような関係を表示する際に用いられる可視化と
してネットワーク表示があり，「段落間ネットワーク（ばねモデル）（**図 4.22**）」
などの可視化ツールが用意されている。

　ネットワークはノード（丸）とエッジ（線）から構成され，一つのノードが，
一つの単語，文，またはセグメントを表し，1 本のエッジが，あるノード間の関
係を表す。ノード間の関係は，例えば先の cos 類似度を用いると，0 から 1 の
実数値で与えられる。ノード数が全部で n 個のとき，ノードの組合せ（ノード
間の関係の数）は全部で ${}_nC_2 = n(n-1)/2$ 通りとなり，n^2 に比例した値とな
る[†]。このすべてをエッジとして可視化すると関係を読み取ることができない。
そのため，ある一定の値以上の関係を持つノード間にのみエッジを表示する。

　表示するノードとエッジを決定した後，それらを画面上のどの位置に表示す
るかを決定する必要がある。この表示においては，特にエッジ同士が重ならな

[†] n チームの総当たり戦をイメージしてもらえれば，総当たり戦の表がチーム間の関係を
表す二次元データとして解釈できる。

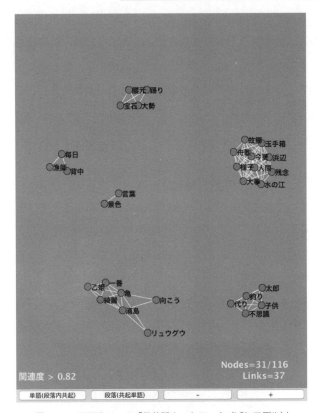

図 4.22　可視化ツール「段落間ネットワーク（ばねモデル）」
による「浦島太郎」における単語ネットワークの表示例

いようにすることで，全体を見やすくする必要がある。そこで，**ばねモデル**と
呼ばれる手法がよく用いられる。この手法では，エッジをばねとみなし，関係
が強いノード同士を繋ぐばねに引力を働かせ，関係が弱いノード同士には斥力
が働くようにして，すべてのばねの力のバランスが取れるところにノードを配
置する。

　図 4.22 の表示においては，単語間の cos 類似度に基づいて，その類似度が
0.82 を超えるノード間にのみエッジを生成し，その後にばねモデルを適用して
ノードとエッジを配置した結果となっている。結果として，エッジが生成され
ているノード同士が近くに集まり，エッジのないノード同士がたがいに離れた

場所に配置されている。

　これらの表形式やネットワーク形式による表示は，多くの情報を一度に眺めることができるのが利点となっている。一方で情報量が多くなりすぎると，出力を見て理解するまでに時間がかかるようになったり，出力されている内容の中で見落としが生じる可能性が高まってくるため，出力する量のバランスが重要となる。

4.4.4　テキストデータの可視化

　処理ツールの処理結果として，テキスト中の特定の単語，文，セグメントを抽出するツールがある。処理ツール「文章要約（展望台）」では，文章中の重要文を抽出して表示する。その出力は，可視化ツール「テキスト表示」によって文字情報が並べて出力される。

　処理ツールとしては，必要な単語，文，セグメントを出力すれば処理としては完結するが，データ分析としては，「なぜそれが出力されたのか」その出力の意

図 4.23　可視化ツール「テキスト表示（カラー）」による「浦島太郎」における「浦島」に関連する文のハイライト表示例

味を考える必要がある。出力の意味を考えるためには，出力された単語が，入力された文章の中で，どのような文脈で何回出現していたのかを確認すること，加えて，出力された文やセグメントが，入力された文章のどこに位置しているのかを確認することが，意味解釈の大きな手がかりとなる。

そのため，入力された文章を表示する際に，処理ツールの出力に該当する部分をハイライトして表示するための可視化ツールとして，「テキスト表示（カラー）」や「テキスト表示（HTML）」が用意されている。可視化ツール「テキスト表示（カラー）」により文をハイライトする出力の例を図 **4.23** に示す。この出力においては，「浦島」に関係する文を確認する際に，文章全体でどの程度「浦島」に関係する文が存在するか，「浦島」に関係する文と文の間隔を直感的に理解することができる。

4.4.5 特定の処理結果の可視化

処理ツールの出力結果を，汎用的な可視化ツールを用いて表示できない場合

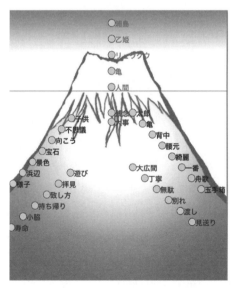

図 **4.24** 可視化ツール「キーワード表示（展望台）」
による表示例

は，独自の可視化ツールを用いて表示がなされる。可視化ツール「キーワード表示（展望台）」による表示例を図 **4.24** に，可視化ツール「主題関連語表示（川下り）」による表示例を図 **4.25** に示す。

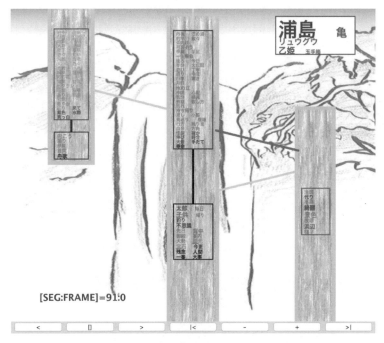

図 **4.25**　可視化ツール「主題関連語表示（川下り）」による表示例

　このように独自の可視化ツールによって出力が表示される場合には，まずは，なにがどのように可視化されているか，その出力形式を理解する必要がある。

　例えば，図 4.24 においては，単語が 4 種類に色分けされて表示されるが，直感だけではそれらの各単語がなにを表しているかを理解することは難しい。この出力では，上部の横線より上にある「浦島」「乙姫」などの単語は，文章の主題を表す単語として，それらの単語の下の「残念」「大事」という単語は，主題に近い主題候補の単語として表示されている。また，外側の「子供」「太郎」「亀」などの単語は，文章中の頻度が高い単語として，最下部の「遊び」「大広間」などの単語は，文章の主題を表す単語を含む文のみで使われる文章の特徴を表す

単語として表示されている。これらの意味を踏まえて単語を眺めることで，文章のキーワードを全体的に捉えられるようになる。

　図 4.25 においては，文章中の単語が 3 本の川の中の五つの領域と右上の合計六つの領域に分かれて配置されている。右上の領域には文章の主題を表す単語が配置される。左の川には文章の主題と直接の繋がりがない（主題を表す単語と同じ文に出現していない）単語が，真ん中の川には文章の主題と直接の繋がりのある単語が，右側の川には文章の主題と直接繋がった後に再び主題と直接の繋がりがない使われ方をされた単語が配置される。また，左と真ん中の川の上側の領域には，それぞれの川において初めて出現した単語が配置される。なお各単語は，文章内での出現からの時間経過に伴って薄く表示されるようになっており，図 4.25 は浦島太郎の全文を読み終えたときに記憶に残っている単語だけが見えるようになっている。

　これらの定義に基づいて，単語の全体的な配置を見て，左の川の単語が多いと文章が主題についての一貫性がないことが，真ん中の川に単語が多いと主題についての一貫性があることがわかる。また，左の川には文章の主題と直接の関わりがない単語が表示されるため，ここに表示される単語を削除する，あるいはこれらの単語を主題となる単語と同じ文で用いるなどの文章の修正を検討できる。

　このように，独自の可視化ツールにおいては，出力形式を理解する手間が生じるが，その見方を理解することで，より多くの情報を直感的に確認することができるようになる。

4.5　ツールの信頼度★

　ツールの信頼度は，意思決定の根拠として，ツールの出力結果をどの程度信頼できるかを判断するうえで重要になってくる。本節ではツールの信頼度を，ツールの出力結果とアルゴリズム（出力を計算する手順）の両面から述べる。

4.5.1 ツールの出力結果に対する信頼度★

ツールの出力結果を意思決定の根拠に用いるうえで，結果をどの程度信頼できるかを把握することは重要と考えられる。ツールの信頼度を見積もるための基準を**表 4.6** に示す。

表 4.6　ツールの信頼度を見積もるための基準

信頼度	基　準	スーパーライトモードの処理ツール例
高い	事実をそのまま出力する	「主語抽出」「漢字の割合」「長文抽出」
比較的高い	信頼できる評価結果を有する	「文章要約」「主題関連語評価」
中程度	一定の評価結果を有する	「意見理解文抽出」「失礼単語抽出」
低い	評価結果がない	該当ツールなし
-	文章評価以外の機能を有する	「テキストエディタ」「文評価まとめ」

信頼度が最も高いのは，事実をそのまま出力するツールであり，その結果に疑いの余地はない。TETDM のスーパーライトモードには，表 4.6 のツール以外に，単語の頻度情報を出力する「単語情報まとめ」などの七つの該当するツールがある。

続いて信頼度が高いのは，信頼できる評価結果を有するツールであり，定量的なベンチマークテストが行われている手法，統計学に基づく手法，あるいは査読付き（研究者による審査を要する）論文として掲載されている手法が該当する。スーパーライトモードでは，表 4.6 のツール以外に「主題関連文評価」が該当し，いずれの手法も学術論文として掲載されている[6]~[8]。

中程度の信頼度が与えられるのは，一定の評価結果を有するツールであり，ツール開発者が独自に評価を行った手法や，学会発表論文（おもに査読がないもの）として掲載された手法が該当する。スーパーライトモードでは，表 4.6 のツールが該当し，いずれも学会発表論文として掲載されている[9],[10]。

信頼度が低いのは，評価結果を有さないツールであり，定性的な説明のみが与えられている手法が該当する。TETDM では該当するツールはバージョン 4.30 時点では含められていない。TETDM サイトで公開されているもの以外に，独自に開発したツールが該当する。

また TETDM のツールには，文章評価以外の機能を有するツールがあり，スー

パーライトモードでは，表 4.6 のツール以外に，「テキスト評価アプリケーション」などの四つのツールが該当する。このようなツールは，信頼度評価の対象外となる。

4.5.2　ツールのアルゴリズムに対する信頼度★

ツールの出力結果の信頼度を測るうえで，具体的にどのような手法で出力を得ているのか定性的なツールの出力の意味を言葉で理解した後に，そのアルゴリズム（出力を計算する手順）を理解できるようになることが望まれる。これは，出力結果がなぜ得られたのかを理解することに繋がる。

アルゴリズムを理解することによるメリットは，以下の 3 点が挙げられる。

(1)　得意，不得意な入力の理解

(2)　入力と出力の対応関係の理解

(3)　(1) と (2) を踏まえたツールの操作

(1) の得意，不得意な入力の理解とは，ツールの出力の信頼度が入力によって変わる可能性があることを示している。例えば，単語の頻度を数える際に，文字列の完全一致によってカウントする場合，同じ言葉であっても漢字，ひらがな，カタカナで別々の単語としてカウントされてしまう。この手順を理解することで，「同じ言葉に複数の表記がある（**表記揺れ**がある）場合，頻度情報の利用時に注意が必要となる」ことを理解できるようになる。また，一般的な辞書に登録されている単語をもとにカウントする場合，「一般的な辞書にないと考えられる単語は，**未知語**となったり，単語として検出されない可能性がある」ことを理解できるようになる。

(2) の入力と出力の対応関係の理解とは，出力が得られたときに，それが入力のどの部分の影響なのかを理解できるようになることを示している。例えば，単語の頻度を数えるために，文章中に現れやすい表現をもとに単語への切り分けが行われている場合，複数の切り分け方が考えられる文章を入力すると，「利用者が意図しない切り分け方になる可能性がある」ことを理解できるようになる。これは，普段かな漢字変換を行う際に，うまく変換されない場合をイメー

ジするとわかりやすいと思われる。

(3) の (1) と (2) を踏まえたツールの操作とは，これらの特性を踏まえたうえで，利用するツールやキーワードの設定，あるいはツールの操作を行うことで効果的な結果を得られる可能性が高まることを示している。例えば，単語の頻度を数えるために，ツール「辞書再構築」を用いて一般的な辞書に登録されていない単語をあらかじめ登録しておくことができる。また，すべての単語が単語間の関連度の計算に用いられる場合に，文章に意味なく定型的に入っている単語を，「キーワードにしない単語」として設定することで，計算から除外することができる。

しかし，一般にツールのアルゴリズムを理解することは難しく，出力結果の信頼度によって結果を利用することが現実的と考えられる。ツールを使い続けていくうちに，あるいはデータ分析手法について理解を深めていく過程で，理解できるアルゴリズムを一つずつ増やしていくことができればよいと考えられる。

4.5.3 ツールの信頼度と意思決定★

4.2.1 項でも述べたように，ツールの選択は分析の目的に応じてなされる必要がある。信頼度が高いツールは，その出力に当たり前の知識や既知の事実が多く含まれるため，現状を漏れなく把握したうえで，間違いが許されない堅実な意思決定が必要とされる場面で用いられる。例えばアンケート結果の自由記述の分析において，使われている単語を調べ，その頻度が高い単語をもとにアンケート結果をまとめることは，現状をきちんと把握するための有効な分析となる。

信頼度が必ずしも高くないツールは，普通には気づかない新しいアイデアを出すために，多様な結果を集めたい場面で用いられる。また，信頼度が必ずしも高くない結果であっても，それらがたくさん集められたうえで同じ方向性を示している場合には，より広範囲をカバーできる汎用的で信頼できる知識としてまとめられる可能性も有している。例えばアンケート結果の分析において，複数のツールからある製品の新しい展開の可能性を示唆する結果が得られたときに，複数の根拠に支えられるアイデアとして，検討する価値が生じる。

●4章のまとめ●

　4章では，TETDM によるデータ分析に関わる以下の項目について学んだ。

(1) TETDM の基本分析ツールに「テキスト評価アプリケーション」があり，このツールを起点として「まとめとエディタ」「単語情報」「文・セグメント情報」の三つの基本ツールセットが利用できること。

(2) ツールの選択においては，分析の目的に応じたツールや，思考の幅を広げるためのツールを選択する必要があり，TETDM の中にはさまざまなツールの選択肢があること。

(3) 処理ツールによるデータ分析は，単語，文，セグメントの評価，および単語間，文間，セグメント間の関連度評価に大別され，処理結果として人間の判断材料に用いられる指標を出力するものであること。

(4) 可視化ツールによるデータ可視化は，一次元の数値データ，二次元の数値データ，テキストデータ，特定の処理結果の可視化に大別され，人間が出力結果を直感的に理解でき，出力の傾向や位置付けなど，出力の意味を捉えやすくするために行われるものであること。

(5) ツールの信頼度は，意思決定の根拠としてツールの出力結果をどの程度信頼できるかを判断するうえで重要な指標であり，分析の目的に応じて求められる信頼度が異なること。

●章 末 問 題●

【1】 以下のキャラクターアシストチュートリアルをクリアしよう。

(1) ライトモードの「ツールの説明」

(2) 通常モードの「ツールの説明」

(3) 拡張モードの「ツールの説明」

【2】 「処理ツール」とはなにか説明してみよう。また，処理ツールが行う文章の評価方法を大きく六つに分けて説明してみよう。

【3】 「可視化ツール」とはなにか説明してみよう。また，可視化ツールが行う処理結果の可視化手法を大きく四つに分けて説明してみよう。

【4】 ツールを選択するときに，どのような考え方でツールを選択すればよいか説明してみよう。

【5】 ツールの信頼度とはなにか説明してみよう。また，ツールの信頼度をデータ分析を行う際にどのように用いるべきか説明してみよう。

【6】 TETDM のゲームモードでランクを 300 まで上げてみよう。

5 試行錯誤による 分析結果の収集

　本章では，1章で述べたデータ分析による意思決定プロセスにおける，データ分析プロセスと知識創発プロセスを繋ぐ「7. 結果の収集」，ならびに幅広い結果を集める試行錯誤のための「8. データ絞込み」と，ツールの切替えやツールの処理方法の切替えについて述べる。特に知識創発プロセスの前半として，試行錯誤を含む発散的思考によって，多様な分析結果を集めることが本章のポイントとなる。

　分析結果の収集における分析ツールの利用の流れを図 5.1 に示す。データ分析のためにツールを利用する人は，まずツールを入手したうえでデータをツールに入力する。つぎに使い方がわかるツールの中から，分析の目的に応じたツールを選択する。最初は汎用的なツール（TETDM であれば，処理ツール「単語評価まとめ」や「文評価まとめ」など）から利用していく。

　ツールを利用して分析を行い，ツールの出力結果に着目（5.1 節）して出力結果を

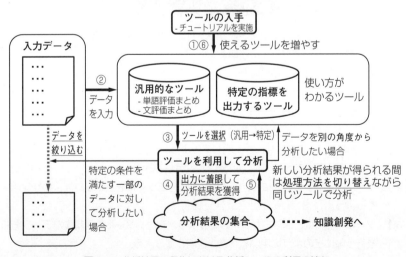

図 **5.1**　分析結果の収集における分析ツールの利用の流れ

得る。新しい分析結果を得るためには，処理方法の切替え（5.3.2項）も試す。また，データを別角度から分析したい場合には再度ツールの選択（5.3.1項）を行い，特定の指標を出力するツールを用いていく。使えそうなツールが見当たらないときには，新たなツールの入手を検討する（TETDMであれば未利用のツールのチュートリアルを実施するなどにより使えるツールを増やす）。加えて，特定の条件を満たす一部のデータに対して分析したい場合は，データの絞込み（5.2節）を行うことで，一部のデータに当てはまる分析結果を獲得する。この各過程における試行錯誤によって，幅広く分析結果を集め，6章の知識創発に繋げる。

5.1　分析結果の収集のための着眼点の獲得（7）

データを入力すれば，ツールはなんらかの分析結果を出力する。しかし実際に必要なのは，データの背後に隠された知識（因果関係や相関）を導く手がかりになり得る結果であり，出力の一部に着目する必要がある。本節では，データ分析による意思決定プロセスにおける「**7. 結果の収集**」において，実際に着眼点を獲得する方法について述べる。

5.1.1　出力結果に対する着眼点★

1　用意した仮説に対する着眼　分析の目的を設定したときに，どのようなポイントでデータを分析するか仮説を立てることがある。例えば，商品の売上げに関するレビューコメントの分析においては，商品に対する評価を与える単語がレビューの中でどのように現れているかを分析するため，「価格」「品質」「パフォーマンス」「耐久性」などの評価項目を表す単語や，「良い」「悪い」「高い」「低い」などの評価を与える形容詞に着目することが想定される。

確認したい内容が明確あるいは限定的な場合には，あらかじめ仮説を立て，その仮説に沿った出力を確認するための着眼を行うことができる。手軽な仮説を検証するための方法としては，着目すべき単語を用意しておくことが望ましい。これにより，用意した単語がどこで何回使われているか，用意した単語を含む文やセグメントの数や箇所，単語が使われている文章の内容を確認するな

ど，結果の中で着目すべき点を明確にしやすい。

特定の単語に着目する際には，4.1.4項で述べたツールセット「単語情報」を利用できる。また，特定の単語を含むセグメントを検索するためには，処理ツール「単語抽出」（後に示す図5.5の右端のパネル）を利用することもでき，入力した単語を含むセグメントにフォーカスを当てることができる。

❷　ずれに対する着眼　　分析の目的が明確でない場合，あるいは目的に対して着目すべき情報を限定的に設定できない場合，出力の中から着目すべき情報を選ぶ必要がある。データ分析においては，基準となる値からのずれに意味を見出すことが多い。この基準となる値には，絶対的な基準やデータの平均値などが用いられる。

例えば，「異常」の有無を表すカテゴリデータであれば「無し」が基準の値になり，「有り」のデータは着目すべきデータとなる。また四つのサイコロを振ったときに四つ同時に1の目が出る状況では，1296（$=6^4$）分の1の確率を基準の値としてそこからのずれの大きさに着目する。絶対的な基準がない場合は，データの傾向（平均）を知ってそこからのずれを探る。例えば気温データであれば平均気温からのずれが大きいときに，その理由を探り意味づけを行うための着目点になり得る。ある指標に対して，平均値からのずれが最も大きくなるのは，値が最高または最低となる場合で，さまざまなツールが抽出したり評価する指標は，そもそも着目に値するデータとなる。

そのため出力結果の着眼時においては，一つの基準だけではなく，複数の基準や分析に先立って用意した仮説との組合せを考慮する必要がある。データマイニングの代表的な手法の一つである相関ルールマイニングにおいては同時に起こりやすい事象間の関係を出力する。しかし，出力されるルールには，当たり前に同時に起こりやすい事象間の関係も含まれるため，当たり前に相当する基準値からのずれと組み合わせて事象間の関係に着目する必要がある。例えばアンケート結果の分析において，「30代の男性」は「俺」という単語を使いやすいというルールが発見されたとする。しかしこれは，年齢によらず男性全般にいえることであり，一般的に「男性」が「俺」を使う頻度を基準値とし

て，ここからのずれが大きい場合に初めて意味のあるルールとみなす必要がある。

5.1.2 結果の収集における探偵作業★

ツールによる分析結果の中で，複数の基準からのずれを探るためには，普通とは違う，通常とは違う点はないかということに敏感になり，探偵のように違和感に気づけることが大事となる。

ポイントは，分析の目的に対応する想定した仮説の結果が，出力結果のどこかに現れていないかを探り気づくこと，ならびに，想定外のパターンのもとになる出力データの傾向を発見することの2点となる。ここで**パターン**とは，「原因」→「結果」で表される因果関係や，「事象A」と「事象B」が同時に起こりやすいという相関関係のことであり，出力データの傾向とは，これらの「原因」「結果」「事象」になり得る出力に多く現れている事柄を指す。

1 数値による基準 数値データが並ぶ出力の場合，すでに述べた基準からのずれについて，データ全体における基準以外に一部のデータに対する基準が用いられることがある。例えば1月から12月のデータの場合，1年間を通じての平均を基準に用いる以外に，1月から6月の1年の中の上半期や，4月から9月の年度内の上半期，1月から3月の4半期を用いたり，3月から5月を春として季節ごとに分けるなど，さまざまな分け方の中での基準を考慮することができる。ここでのポイントは，およそ同質のデータが得られると考えられる範囲でデータを切り分け，その中の基準を考慮することが有用となる。

基準値を用いる以外に，パターンの崩れを考慮できることがある。気温データであれば，昼に温度が高くなり夜に温度が低くなることが繰り返されることが予想されるが，熱帯夜などで夜に気温が下がらないことがあれば，そこに着目することができる。また，もともと予想されるパターン以外に，数値データが含むパターンがないかを探ることも重要になる。

2 文字による基準 単語，文，セグメントなどの文字情報が出力に並ぶ場合，それらに与えられる複数の基準を考慮しながら分析を進めていく必要が

ある。あらかじめ分析の目的に対する単語集合が基準として与えられる以外に，処理ツールが単語，文，セグメントに与えるカテゴリや数値の評価値が基準となる場合がある。例えばレビューコメントの集合を分析する場合，あらかじめ商品の機能と評価に関する単語集合が基準として与えられる以外に，単語の頻度情報や，文中のあいまいな単語の有無，セグメント（レビュー）の長さなどが基準となる場合がある。

ツールの出力以外の基準として，単語の漢字，ひらがな，カタカナの表記の違いに着目できる場合や，単語の品詞などの文法的な違いに着目したり，その場で考えられる単語の意味の傾向を基準にできる場合もある。すなわち，出力に多く含まれる記述の特徴をパターンとして捉え，そのパターンに気づくこと，ならびにパターンからのずれに気づくことのそれぞれが着眼点に繋がるといえる。

3 **可視化形式による基準** 数値や文字の出力において，可視化ツールを用いてさまざまな形式で出力を行う場合がある。その場合，可視化ツールの出力形式を理解したうえで，標準的な出力あるいは予想される出力と異なる箇所に気づくことが有用となる。例えば，可視化ツール「主題関連語表示（川下り）」（図 4.25）であれば，3 本の川の太さや川の中の五つの枠に含まれる単語の数を比べる中で，どこに単語が多い，少ない，ということを気づきの手がかりとすることができる。また，可視化ツール「段落間ネットワーク（ばねモデル）」（図4.22）であれば，多くの単語が繋がって一つの塊を形成している単語集合に着目することで，文章の傾向を探ることができる。

先に述べた，数値，文字による基準と可視化形式による基準の組合せの中で，どの基準に着目するかを探ったり，基準の組合せを探ったうえでパターンを見出すためには試行錯誤が不可欠であり，次節で述べるデータの絞込みを有効に活用することが必要になってくる。

5.1.3 結果に着目するフォーカス機能

TETDM には，出力の一部に着目しやすくするためのフォーカス機能がある。フォーカス機能は，あるツール上で一部の「単語」「文」「セグメント」が選択

されたときに，ほかのツールの出力で関連する「単語」「文」「セグメント」を
ハイライトする。またここでハイライトされたフォーカス情報は，5.2節で述べ
るデータ絞込みの条件としても用いることができる。

　フォーカス情報は，可視化ツール上の出力にマウスカーソルを合わせたり，出
力をマウスでクリックすることで指定できる。そのため，出力中の気になる情
報に積極的にフォーカスを当てることで，着目した情報が複数のツール上でど
のように出力されているかを確認しやすくできる。浦島太郎の文章で単語「亀」
をフォーカスした場合の出力例を図5.2に示す。左のパネルで単語「亀」をク
リックすると，真ん中のパネルで単語「亀」を含む文が，右のパネルで単語「亀」
と「亀」を含む文とセグメントがハイライトされる。

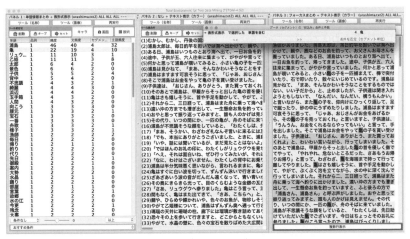

図5.2　フォーカス情報のハイライトの例（浦島太郎の
文章で単語「亀」にフォーカス）

　フォーカス情報は，「単語」「文」「セグメント」の間でたがいに連動しており，
「単語」をフォーカスした場合，その単語を含む「文」と「セグメント」もフォー
カスされる。また，「文」をフォーカスした場合，その文が含む「単語」と，そ
の文を含む「セグメント」もフォーカスされ，「セグメント」をフォーカスした
場合，そのセグメントが含む「文」と「単語」もフォーカスされる。ただし，各
フォーカス情報をハイライトするか否か，またどのようにハイライトするかは，

各可視化ツールの開発者が実装した機能によって異なる。

5.2 データの絞込みによる試行錯誤 (8)

5.2.1 データの絞込みと因果関係の探索★

データから多様で詳細な事実や傾向を得るためには，**条件**によってデータを絞り込む（図 1.3 の「**8. データ絞込み**」）ことによる**試行錯誤**が有用となる。データの絞込みを行わない場合，入力された全データに当てはまる傾向を探ることになるが，ある「条件 X」でデータを絞り込む場合，「条件 X」を満たす一部のデータに当てはまる傾向を探ることができる。「条件 X」を用意してデータを絞り込むことは，いうなれば新しいデータ集合を用意することに相当するため，それだけ得られる情報が多くなる。

例えばアンケートデータを分析する場合において，収集した全データに当てはまる傾向を探る以外に，性別や年代ごとの特徴を調べることで，より多くの傾向を探ることができるようになる。その場合，「男性」「女性」「10 代」「20 代」などがデータ絞込みの条件となる。もし「男性」と「女性」で正反対の傾向を示す「結果 Y」があったとしても，全データからの分析のみでは，その両者の傾向が相殺しあって「結果 Y」に対する有効な傾向を見出すことができない。

またデータの絞込みを行うことで，信頼度が高い結果を得やすくなる。すなわち，「結果 Y」を導く絞込みの「条件 X」を設定することができれば，「X ならば Y」という因果関係（または X と Y の相関関係）を得ることができる。

データ絞込みにおける条件と結果の関係を**図 5.3** に示す。図の「結果 Y」を含むようにうまく「条件 X_1」を設定することができれば，「X_1 ならば Y」という因果関係を得ることができる。あるいは，「結果 Y」を含まない「条件 X_2」を設定することでも，「X_2 ならば Y でない」という因果関係を得ることができる。しかし，やみくもに条件を設定して図の「条件 X_0」のようになると，「結果 Y」を導く因果関係を見出すことができない。

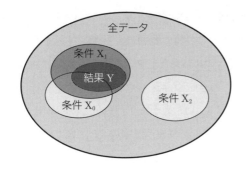

図 **5.3**　データ絞込みにおける
条件と結果の関係

5.2.2　データの絞込み条件の設定方針★

　データの絞込み条件の設定方針は，分析の目的に依存する。最初からデータ
分析の目的が明確で，5.2.1 項のアンケートデータの分析のように，分析の目的
に直結する条件が「性別」「年齢」などで与えられる場合には，それをそのまま
条件として用いればよい。しかし，多様な分析を行いたい場合や，目的外の傾
向も探りたいような場合には，さまざまな絞込み条件に対して試行錯誤を行う
必要がある。また目的が明確な場合においても，「年齢」のように連続的な数値
データを条件に用いる場合，どのような数字の範囲を条件に設定すればよいか，
試行錯誤が必要になる場合もある。

　1　**カテゴリデータによる絞込み条件**　　アンケートデータにおける「性
別」のように，カテゴリ（属性）として表される条件は，その値（属性値）の「男
性」や「女性」によって絞込みを行う。テキストデータの分析の場合は，文章
に含まれる単語を絞込みに用いることで，その単語を含む文章の傾向を把握す
ることができる。例えば，商品のレビューコメントを分析する場合，「良い」と
いう単語を含むレビューに絞り込むことで，商品のどのような点が評価されて
いるか，その傾向を探ることができる。ここで商品を評価する単語として，最
初から「良い」という単語を条件に用いると決めてかかるのではなく，「良い」
という単語が実際にレビューの中でよく使われていることを確認したうえで条
件に用いること，また「良い」以外の使用頻度が高いほかの褒め言葉も条件に
用いて傾向を探ることが望まれる。

2　数値データによる絞込み条件　アンケートデータにおける「年齢」のように，数値として表される条件は，その値の範囲によって絞込みを行う。ここで気をつけるべき点として，図5.3の「結果Y」をできるだけ綺麗に囲う条件の範囲設定を目指す以外に，条件への意味づけがしやすい範囲設定を行う場合が挙げられる。例えば同一のデータから「15歳から18歳の82%が結果Yに当てはまる」という傾向と，「16歳から18歳の80%が結果Yに当てはまる」という傾向が得られる場合，後者のほうが少し確率が低くなるが，「16歳から18歳」を「高校生」と置き換えることで，「高校生の80%が結果Yに当てはまる」という解釈が可能になる。このように，最終的な解釈は人間が行う必要があるため，意味づけがしやすいように範囲設定を行うことも大事になる。

3　複数条件によるデータ絞込み　複数の条件を組み合わせることで，より詳細な条件設定を行うことも考えられる。条件を組み合わせてデータを絞り込むほど，得られる傾向の数は増えるが，本項**2**の数値データによる絞込み条件のときと同様に，用いた条件への意味づけが行えないと，結果の解釈を行う際に問題が生じる。例えば，「男性」と「16歳から18歳」の二つの条件を同時に満たす**AND条件**であれば，「男子高校生」と条件に意味を与えやすくなる。

　複数の条件を組み合わせる方法には，複数の条件を同時に満たすAND条件以外に，複数の条件のいずれかを満たす**OR条件**があり，二つの条件「男性」と「16歳から18歳」のOR条件は，「男性」または「高校生」になる。

　条件の作成方法としては，AND条件とOR条件を組み合わせた条件生成（インターネット検索では**ブーリアン検索**とも呼ばれる）が可能だが，複雑な条件に対する意味づけは難しくなるため，OR条件は用いずにAND条件のみで条件を作成し，それぞれの条件から得られた傾向に意味づけを行ったほうがよい。例えば，『「男性」AND「16歳から18歳」OR「女性」OR「13歳から15歳」』のような複雑な条件を設定するよりは，『「男性」AND「16歳から18歳」』と「女性」と「13歳から15歳」の3回に分けて条件設定を行い，「男子高校生」「女性」「中学生」のそれぞれの傾向を，並列に解釈したほうがわかりやすくなる。

5.2.3 TETDM におけるデータの絞込み方法

1 TETDM によるデータ絞込みの概要　　TETDM におけるデータの絞込みは，手動で絞込み条件を設定，あるいは自動的に絞込み条件が設定された後で，メニューウインドウの「絞込み」ボタンを押すことで行える†。データの絞込みが実行されると，条件を満たすデータを入力としてすべてのツールが再処理を実行して結果を表示する。データの絞込みは，セグメント単位でのみ行うことができ，おもな絞込み条件は以下のいずれかで与えられる。なお，設定中の絞込み条件は，図 **5.4** のデータの「絞込み」条件と件数を表示するウインドウに，条件にマッチするセグメント数（図 5.4 では 3，2，1）とともに表示される。

(1) 着目する単語を含むセグメント

(2) 着目する文を含むセグメント

(3) 着目するセグメント

図 **5.4**　データの「絞込み」条件と件数を表示するウインドウ

ここで「着目する」とは，「ユーザが手動で指定，あるいはツールによって自動的に設定される，特定の評価値や属性値を持つ」という意味を表す。また，メニューウインドウの「リセット」ボタンを押すことで，絞込みを解除することができるため，「絞込み」と「リセット」を繰り返すことで絞込みの試行錯誤を行うことができる。

2 手動によるデータ絞込み条件の設定　　手動でデータの絞込み条件を設定する方法には，可視化ツール上で単語，文，セグメントを選択する方法と，図 **5.5** に示す処理ツール「単語情報まとめ」「文情報まとめ」「セグメント情報まとめ」「単語抽出」の下部にあるタブなどで設定する方法とがある。図 5.4 は，

---

†　データが 1 件も絞り込まれない場合，または絞込みの結果が 0 件になる場合は，ボタンが押せない状態になる。

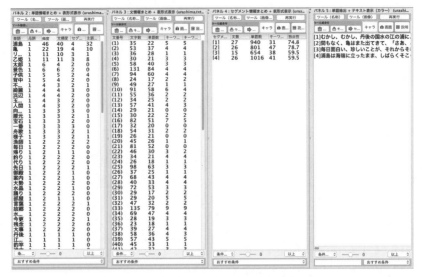

図 **5.5** データの「絞込み」条件を設定できるツール

図 4.2 の可視化ツール「表形式表示」の上で「乙姫」「玉手箱」「寿命」の順に，一つずつ単語をマウスカーソルで選択して「絞込み」ボタンを合計 3 回押したときのウインドウを表す。

また，4.1.1 項で述べた処理ツール「テキスト評価アプリケーション」上において，ツールを選択するボタンを押したときに左端に表示される処理ツール「セットセグメント」では，セグメントの番号を表すボタンが表示され，このボタンを押すと，「絞込み」ボタンを押すことなく，押したボタン番号のセグメントのみにデータを絞り込んで入力したときの結果を表示することができる。

3 **ツールによるデータ絞込み条件の設定**　処理ツール「テキスト評価アプリケーション」から選択できるツールが自動的に設定する絞込み条件を表 **5.1** に，処理ツール「主題関連文評価（光と影）」を用いたときの，データの「絞込み」条件と件数ウインドウの表示を図 **5.6** に示す。処理ツール「主題関連文評価（光と影）」では，処理ツール「文章要約（展望台）」による文章の観点となる単語として抽出された単語（入力テキストが浦島太郎のとき，「浦島」「亀」「リュウグウ」「乙姫」など）を含むセグメントが，自動的に絞込み条件に設定

表 5.1　処理ツール「テキスト評価アプリケーション」から
選択できるツールが自動的に設定する絞込み条件

処理ツール	絞込み条件
主題関連文	文章の観点語（主題を表す単語）を含むセグメント
主語抽出	主語のない文を含むセグメント
長文抽出	50字以上の長い文を含むセグメント
単語冗長文抽出	単語が冗長な文を含むセグメント
単語抽出（文章評価用）	あいまいな単語を含む文を含むセグメント
失礼単語抽出	失礼単語を含む文を含むセグメント
意見理解文抽出	意見の理解に繋がる文を含むセグメント

データ（セグメント）の「絞込み」条件と件数					
→ 主題関連文評価（光と影）　文章要約（展望台）の観点となる　単語を含む	4	浦島	亀	リュウグウ	乙
<<	>>		条件を否定（セグメント単位）		

図 5.6　処理ツール「主題関連文評価（光と影）」を用いたときの
データの「絞込み」条件と件数ウインドウの表示

される。

　処理ツールの出力に関係する情報を詳しく調べたいときには，自動的に設定されるデータの絞込み条件をそのまま用いて絞込みを行うことで分析を続けることができる。

　4　**データの絞込みによる結果の収集と解釈**　　データの絞込みは，5.1節で述べた結果の収集，ならびに6章で述べる結果の解釈において重要な役割を果たす。

　結果の収集においては，データ全体の傾向に加え，条件を満たす一部のデータの傾向を捉えるために，データの絞込みを活用できる。5.3節で述べるツールの切替えやツールの処理方法の切替えを，データの絞込みと組み合わせて利用することで，結果の収集の幅を広げられる。

　結果の解釈においては，処理ツールの出力の多くは単語や数値など端的な情報として表されるため，その意味を捉える必要がある。そこで着目している出力結果を条件としてデータを絞り込むことで，なぜその出力が得られたのか，その理由を探ることができるようになる。

5.3　処理方法や可視化方法の切替えによる試行錯誤

試行錯誤において，同じ出力画面から得ることができる手がかりには限りがある。出力画面を切り替えるための方法には，用いているツールを変えてみる方法と，ツールにおける処理や可視化の方法を変えてみる方法とがある。

5.3.1　ツールの切替えによる試行錯誤

ツールの切替えを行うと，いままで眺めていた出力とは異なる，別角度からのデータの処理結果や，可視化結果を確認することができる。

1　試行錯誤による予想外の結果の獲得　　4.2.1 項において，分析の目的に応じたツールの選択について述べたが，できるだけ多くの手がかりを得る試行錯誤の段階においては，とりあえず色々なツールに切り替えてみることが大事である。ツールの処理の意味や結果の意味は後でじっくり考えればよいので，まずはなにか面白そうな結果がないか，出力可能な結果を一通り眺めてみるのがよい。ここで，5.1.1 項で述べた着眼点を意識して，基準からのずれが生じていないか，想定される出力に対する違和感がないかを確認するように眺めることが望ましい。

例えば，自分が書いた報告書の文章を改善する目的で TETDM に入力した際には，文章の一貫性の有無を確認するツールだけでなく，主語の有無を確認したり，一文の長さを確認するツールなど，一通りツールの出力を確認して，気をつける項目がないかを探すことが望ましい。

これは，利用者が最初に思い描く事柄を確認するだけでは，確認すべき事柄の見落としが生じたり，想定外の結果を得る機会を失ってしまうことになりかねないことによる。例えば，「よう」「など」「いう」「という」のあいまいな単語を抽出する処理ツール「単語抽出」に切り替えることで，無意識に使っていたこれらの単語の量や位置を確認することで，想定外の文章改善に向けた「手がかり」を得ることに繋げられる。

すなわち，データ分析の結果は予想できるものではないこと，またすべての

ツールを把握して適切に使い分けることは，ツールの数が増えるにつれて困難になってくるため，少しでも多くの情報を眺めるために，ツールの切替えを積極的に行って，一つでも多くの手がかりを集めていきたい。

2 試行錯誤による必要な前処理の確認　ツールの切替えによる試行錯誤によって，入力した文章に対する前処理の適切さを確認できる場合がある。

例えば，インターネット上の掲示板のテキストをコピーアンドペーストで貼り付けて入力し，処理ツール「長文抽出」に切り替えた場合に，全体的に100文字以上の真っ赤な出力結果を目の当たりにすることがある。これは，インターネット上の書込みでは文末の句点が省略されやすいことによるもので，句点を追加するという必要な前処理の実施に繋げることができる。

また最も単純には，処理ツール「単語情報まとめ」の結果において単語の頻度を確認する中で，上位に出力されている不要な単語を処理対象から除く「キーワードにしない単語」に加えたり，必要な専門用語を単語としてうまく抽出できていない場合に，その専門単語を辞書に登録する（浦島太郎の文章であれば「浦島」と「太郎」を結合した「浦島太郎」を1単語として登録する）ことで，確認したい内容を出力中で見やすくする前処理を行える。

このように，試行錯誤によって結果を眺める中で，より適切な結果を得るための前処理方法を検討し，入力データに対する前処理やキーワード設定を行うことにも繋げられる。

5.3.2 ツールの処理方法の切替えによる試行錯誤

一つのツールの出力においても，処理や可視化のオプションを切り替えられるものがある。可視化ツール「段落間ネットワーク（ばねモデル）」による浦島太郎の文章の単語間関係を，二つのしきい値で表示した図を図**5.7**に示す。左の図がツールをセットしたときに表示されるしきい値が0.82の図で，単語が六つのグループに分かれている。この出力のみからでも結果を得ることは可能だが，ツール下部にある「−」のボタンを1回押して，しきい値を0.81にしたのが右の図になる。右の図では左の六つのグループが一つに結合された状態になっ

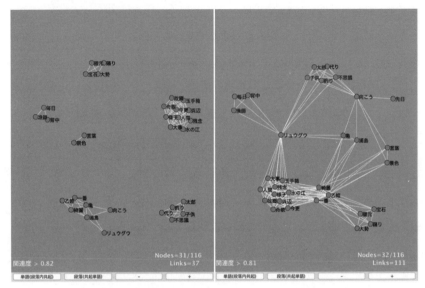

図 **5.7** 可視化ツール「段落間ネットワーク（ばねモデル）」
による浦島太郎の文章の単語間関係（左：しきい値 0.82,
右：しきい値 0.81）

ており，六つのグループ間の関係を見ることができる。特に，左の図では単に
グループ内の一つの単語であった「リュウグウ」という単語が，右の図では四
つのグループと関わりを持つ，物語の中で重要な位置づけにある単語となって
いることが確認できる。

また，処理ツール「文章要約（展望台）」においては，処理方法を切り替える図
5.8 のボタンが用意されている。ツールをセットした直後には「要点」が選択
されており，文章の主題に関わる重要な文を出力として表示する。ここで「物
語」ボタンを押すと，文章のストーリーを重視した重要文を出力でき，「結論」
ボタンを押すと，文章の結論を重視した重要文を出力することができる。

図 **5.8** 処理ツール「文章要約（展望台）」の
処理方法を切り替えるボタン

このように，一つのツールの中でも出力を切り替えられる可能性があり，幅広い結果を集めるための試行錯誤を行うことができる。特に，結果が一意に定まらないツールの出力においては，見たいものが最初から見えているとは限らないため，見たいものを見やすくする操作や，そのほかの気になる結果がないかを試していくことが大事になる。

5.4　試行錯誤と創造性★

5.4.1　網羅的な試行錯誤の必要性★

新しい発想を得ようとするときには，なにもないところからポンと新しい知識が現れるわけではなく，多くの試行錯誤を経て新たな知識が得られることが多い。試行錯誤によってできるだけ多くの可能性を探った後に，それらの可能性を整理統合することで新しい知識に繋げていく。

これは，問題解決を目的とした議論の発散と収束になぞらえることができる。例えば，友達同士で海外旅行の行き先を決める場面においては，いきなり行き先が決まるわけではなく，さまざまな国や観光地についての情報を持ち寄って案を出し，それらの取捨選択を行うのが一般的な意思決定手順と考えられる。すなわち，ある問題を解決したいときには，なにもないところから即座に解決策が出てくるわけではなく，解決のための案を試行錯誤によって模索し，列挙された案を選択，統合する中で，最終的な解決策を導き出すことが望まれる。

国会の審議においても，法案が提出されてから質疑を経て採決が行われる。この過程で「議論が尽くされていない」という言葉が使われることがあるが，これは法案にまつわる議論として考えられる可能性が網羅的に検討されていないという意味になる。また裁判においても，すべての関連する証拠に基づいて審理が尽くされてから判決が下される必要がある。意思決定のためのデータ分析における結果の収集においても，まだデータからわかる事実や手がかりがある段階で，試行錯誤をやめて結論を導こうとするのは望ましくない。すなわち，データから分析の目的に関わる知識を得るために役に立ちそうな分析結果を，

できる限り網羅的に集めることが望まれる。

5.4.2 試行錯誤における背景知識と創造性★

1 知識の広さと組合せ爆発 試行錯誤の幅を増やすためには，収集する
データの幅を広げたり，背景知識を増やす必要があることを述べてきた。しか
し，やみくもに知識を増やすことは必ずしも効果的ではなく，増やした知識の
量に比例して，必要な知識を選別する能力が必要になってくる。

データの幅や背景知識を増やすということは，試行錯誤において検証が必要
な組合せの数を増やすことに相当するため，**組合せ爆発**によって網羅的な試行
錯誤が困難になる。例えば 2 択のものの 10 個の組合せは，$2^{10} = 1024$ 通りに
なるが，これが 20 個に増えると，$2^{20} = 1048576$ 通りになる。検証すべき組合
せの数が全部で 1024 通りであれば，場合によってはすべての可能性に目を通
すこともできるが，100 万通りになるとすべてに目を通すことは現実には困難
となる。その場合，100 万通りの組合せの中から有効と考えられるものをうま
く選別して，選別されたものの良し悪しを判断することになる。「情報を制限す
ることが創造性に繋がる」という研究結果[11]もあり，これは持っている知識の
制約によって組合せの数が制限されることにより，網羅的な組合せの検討をし
やすくなるためと考えられる。

例えば，世の中の新商品の開発を目指したときに，**図 5.9** の左のように八つ
の要素（既存知識）のみを考えて，その組合せによって新商品の開発を試みる
場合においては，$_8C_2 = 28$ 通りのすべての組合せを吟味して，これまでに開発

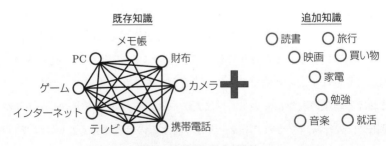

図 5.9 組合せの数と創造性

された23の組合せ以外の，これまで手をつけられていなかった残り5の組合せの中から，例えば「財布」と「カメラ」を組み合わせた新しい商品の開発を目指すことができる。

しかし，図5.9の右の八つの要素（追加知識）が新たに加わった場合，その組合せの数は，$_{16}C_2 = 120$通りにのぼり，その一つひとつの組合せを吟味するには時間がかかるため，とりあえず流行りものの組合せを目指す方向が採られやすくなる。

2 網羅的な探索と創造性 なかなか新しいおもちゃを買ってもらえない子供は，手持ちのおもちゃでできる新しい遊びを積極的に考え，大人が思いつかないような遊び方を始めるものである。しかし逆につぎつぎに新しいおもちゃを買ってもらえる子供は，それらおもちゃの基本的な遊び方を試しただけで，つぎのおもちゃに移行することになり創造的な遊びのアイデアは出にくくなるだろう。

同様に，たくさんのデータや知識が与えられるだけでは，人間はそれらから創造的なアイデアを出しにくくなる。コンピュータはそのような網羅的な試行錯誤を高速に効率よく行える可能性があり，本書で扱っているデータマイニングやテキストマイニングも，数値や単語の網羅的な組合せの中から，有効な結果を絞り込んで出力する点で，人間による試行錯誤の自動化と捉えることもできる。しかし，人間の物理的な能力には限界があるため，人間の判断を必要とする創造活動においては，情報を制限したほうがよいこともあり得る。

著者も新しい研究テーマを模索するときには，最初から関連研究を調べ過ぎないようにしている。既存の自身の知識や世の中のニュースをもとに，効果的な研究の方向性を検討し，独創的あるいは面白い研究テーマを探っている。新しい研究テーマは，既存の研究テーマや知識の組合せから生まれるものであるため，そのベースとなる知識を集めることは有効である反面，知識が多くなりすぎると，平凡な組合せの数も多くなり，独創的な組合せにまで思考が巡らない可能性が高まると考えている。

またアイデアの生成という観点においては，よいアイデアを生み出すために，

われわれの脳の思考回路を学習させる必要がある。そのためには，創造的な活動で成功を収めた経験を積み重ねることが大事で，人に教えてもらうのではなく，自分自身でよいアイデアを生成する経験が不可欠と考えられる。これは現在主流となっている深層学習が，人間の脳の回路を真似ていると同時に，深層学習に用いられる正例（適切に目標を達成できる正解データの例）を，われわれ自身にも与えて学習させることが必要と考えられることによる。すなわち，われわれ自身の成長のためにも，最初から組合せの数を増やしすぎないことが大事と考えられる。

5.4.3 試行錯誤における探偵作業★

1 目星をつけて綿密に調べる　探偵作業における試行錯誤とは，問題解決のための手がかり，あるいは手がかりになりそうな知識の断片を網羅的に集める作業を表す。

　有限でパターン化が可能な組合せの中での試行錯誤であれば，コンピュータに任せることもできるが，特に問題に取り掛かった段階においては，探索範囲が広大になる可能性がある。そのため探偵の試行錯誤は，「目星をつける＋綿密な調査」の組合せで行われる。「目星をつける」とは，端的には事件の犯人を一人あるいは数人に絞り込むことを指し，「綿密な調査」とは，その目星をつけた一人一人について，事件には関係ないかもしれない事柄まで，徹底的に調べ上げることを指す。

2 出力の中で目星をつける　データ分析の出力結果に対して目星をつけることは，コンピュータにとって並列かつ等価な出力の中から，分析者の興味，背景知識，そして直感によって手がかりを選び取ることを表す。例えば名詞が並列に出力されているとき，コンピュータにとってはすべての名詞は等価であっても，分析する人間にとっては興味や背景知識に応じて単語から受ける印象が異なってくる。そして，獲得したい知識に繋がりそうな手がかりとなる単語を，背景知識や感覚で選び取ることができる。この作業は，普段からデータに携わっている現場の人の知識や感覚が頼りになる部分ともいえる。

　知識に繋がりそうな手がかりとなる単語を見つけた後は，その単語について綿密に調べる。その単語が用いられた文脈から単語の使用意図を探ったり，その単語についてツールから得られる指標を徹底的に確認する。

　3 **ツールの目星をつける**　　別の目星のつけ方としては，さまざまなツールを切り替える中で，あるツールの出力に手がかりが含まれていそう，というアタリのつけ方がある。すなわち，コンピュータにとっては並列に並んでいるツールの中から，分析の目的に特に有効な出力結果を含むと考えられるツールを選ぶことも，目星をつけることに相当する。

　分析者はすべてのツールの出力結果を徹底的に調べ上げることは困難なので，どのツールの出力結果を徹底的に調べることが効果的かを判断する必要があり，この判断には，ツールの処理の意味と出力されている結果に対する背景知識がともに必要になる。

　4 **目星をつける背景知識と経験**　　試行錯誤においては，網羅的な探索が必要である一方で，すべての事柄について網羅的な探索を行うことはできないため，一定の目星をつけたうえで網羅的な探索を行うことが大事と述べてきた。また，うまく目星をつけるためには，経験と呼ばれるデータに関する背景知識と，データ分析の経験の両側面が関係してくることにも触れた。

　探偵における背景知識は，事件の状況や関係者についての情報となり，経験はこれまでに扱った事件において，どのような着眼点で手がかりを集めるのが効果的だったかを身をもって理解していることに相当する。このような経験に基づくスキルを身につけるためには，本質的なポイントとして目星のつけ方を押さえたうえで，繰返しの経験を積み重ねることが最も近道となる[12]。

●5章のまとめ●

　5章では，試行錯誤による分析結果の収集に関わる以下の項目について学んだ。

(1) 分析結果の収集のための着眼点の獲得においては，用意した仮説に対する着眼と基準からのずれに対する着眼があり，通常とは違う点に敏感になり，探偵のように違和感に気づくことが大事であること。

(2) データの絞込みによる試行錯誤は，一部のデータに当てはまる傾向を探り，信頼度が高い結果を得るために行われ，分析の目的に応じて絞り込み条件の設定方針も決まってくること。

(3) 処理方法や可視化方法の切替えによる試行錯誤は，データの処理結果や可視化結果を別角度から確認するために行われ，予想外の結果の獲得や必要な前処理の確認に繋げられること。

(4) 試行錯誤によってできるだけ多くの可能性を探ったうえで，それらの可能性を整理統合することで新しい知識に繋げることができ，効果的に試行錯誤を行うためには，繰返しの経験を積むことが最も近道となること。

●章　末　問　題●

【1】　以下のキャラクターアシストチュートリアルをクリアしよう。
 ・　ライトモードの「マイニングの流れ」

【2】　データの分析結果を集めるときの考え方を説明してみよう。

【3】　データの絞込みの目的と効果を説明してみよう。

【4】　TETDM の分析時に，試行錯誤を行う方法を説明してみよう。

【5】　TETDM のゲームモードでランクを 400 まで上げてみよう。

6 収集した結果の解釈と統合による知識創発

本章では，意思決定のためのデータ分析プロセスにおける，集められた結果を解釈する「9. 結果の解釈」および，解釈した結果を，整理，統合する中で，新たな知識に結びつける「10. 解釈の整理」について述べる。すなわち，データ分析の結果を受けて最終的な意思決定に結びつけるために，人間が分析結果の意味を考えて知識としてまとめる知識創発パートについて説明する。

知識整理に基づく発想を実現する有名な手法に KJ 法[13]があり，まとめたい情報を一つずつ記録し，それらを似たもの同士のグループにまとめ，まとめられたグループ間の関係に基づいて意味を解釈することを基本としている。TETDM で実現する知識創発においても，この手法の考え方を踏襲し，まとめる操作とまとめたグループの意味づけを支援する。

6.1 分析結果の意味づけによる解釈★ (9)

分析結果の解釈（図 1.3 の「9. 結果の解釈」）とは，分析結果として得られた事実や傾向に，そのデータのドメインについての背景知識や世の中の情勢など，データ化する際に捨象された情報を加えながら，結果が表す意味を読み解くことである。最も簡潔には，「なぜ」その結果が得られたのか，分析ツールが結果を出力した根拠を考えることに相当する。本節では，「7. 結果の収集」で集めた個々の分析結果に対して意味づけを与える解釈の手順（図 6.1）について，結果の妥当性の確認，結果の解釈の方法，仮説の列挙と検証の順に説明する。

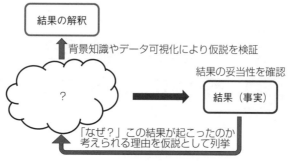

図 **6.1** 結果の解釈の流れ

6.1.1 結果の妥当性の確認★

1 妥当性の確認の重要さ 結果の解釈時に行うべき作業の一つに，結果の妥当性の確認がある。例えば，1453 と 2342 と 3879 の平均値を手で計算して，その答えが 4323 になったとする。この答えの妥当性を考えれば平均値が元の数値の最大値を超えることはあり得ないため，おかしいと気づくことができる。しかし妥当性の確認をしなければ，計算ミスに気づかずにそのまま答えを信じてしまうこともあり得る。すなわち，分析ツールの出力結果を鵜呑みにするのではなく，その出力が本当に正しいかどうか，これから行う判断の根拠として用いることに問題がないかを確認することは重要である。

2 分析ツールの結果の妥当性 分析ツールは入力されたデータに基づいて，定められた処理の結果を出力する。すなわち，分析ツールは与えられたデータが世界のすべてであると認識して出力を行うが，入力には含めることができなかったデータが存在していたり，入力に反映されていない世の中の背景知識があるため，それらを考慮したうえで妥当な結果になっているかを確認する必要がある。例えば，深層学習によって採用活動の自動化を試みた企業が，過去に採用された人のデータを入力して学習を行わせた結果，これまでに男性の採用が多かったことから，新規の採用においても男性を採用するような学習が行われたという事例がある。この事例の場合，入力データに**バイアス**（偏り）があったために，結果にも偏りが生じてしまったことになる。加えて，分析ツー

ルの信頼度によっては，そもそもの出力に誤りが含まれている場合があることや，ツールのソースコード（プログラム）自体にエラーが残っていることも考えられる。そのため，分析結果が誤っている可能性も考慮しながら解釈を行っていくことが必要となる。

6.1.2　背景知識による結果の解釈★

「なぜ」を考える結果の解釈を行う方法の一つに，データが対象とするドメイン（領域）の背景知識を用いる方法がある。例えば，あるゲームが思った以上によく売れているという結果がわかったとする。しかし，その「ゲーム」に関する背景知識がなければ，この先の結果の解釈を行うことができない。ゲームに関する背景知識があれば，例えば，「このゲームは老舗ロールプレイングゲームのスピンオフで，根強いファンがいるためによく売れた」とか，「ゲーム自体の出来はイマイチだが，ほかのゲームの人気キャラクターが登場しているためによく売れた」などの解釈を与えることができる。

すなわちデータ分析のスキルを持った人は，さまざまなツールを使い分けるなど，データを分析する作業をこなすことはできるが，結果の解釈においては，データが対象とするドメインの背景知識がないと，十分な解釈を行っていくことができない。逆に，データが対象とするドメインの専門的知識を有する人，一般的にはデータに関わる現場の人であれば，得られた結果に意味を与える解釈を行うことができる。

6.1.3　データ可視化による結果の解釈★

1　結果の出力背景の理解　「なぜ」を考える結果の解釈を行うもう一つの方法として，データの可視化により結果の出力背景を理解して，出力結果の意味を読み解く方法がある。データのドメインの背景知識を持たない人，あるいは背景知識を持っていても即座に結果に解釈を与えられない場合でも，出力結果に関係がある情報を眺めることで，結果の解釈を与えられる可能性がある。例えば，「スチール」という単語がキーワードとして出力されたときに，「スチー

ル」を含む文の一覧を眺めることで，「野球の盗塁についての話題があったため」あるいは「空き缶のスチール缶とアルミ缶を区別しながら回収する話題があったため」など，出力の背景をもとに解釈に繋げることができる。

2 **原文表示ツールの活用による解釈**　　テキストマイニングにおいて，原文（入力テキスト）を確認することは結果の解釈を与えるうえで非常に重要な意味を持つ。結果の解釈は言葉として与える必要があり，言葉は単語の組合せから構成される。しかし，ツールの出力のほとんどは数値や単語などの断片的な情報となり，その背景や文脈の情報が与えられないことが多いため，解釈を記述するための単語の組合せを集めることが難しい。その点原文は，意味を表現するための組合せ要素となる単語を最も多く含んでおり，解釈そのものに近い記述を見出しやすかったり，解釈に繋がる情報を得やすいなどの利点がある。そのため，解釈の第一歩目には，まず原文表示を含むツールを用いていきたい。

3 **可視化ツールの活用による解釈**　　ツールの出力が文章中の単語などの原文と強く関わる出力ではなく，評価値などの数値で与えられる場合，その数値に関わる可視化結果を参照することで解釈が行える場合もある。例えば，「ある出現頻度が高い単語がテキストの主題を表す単語になっていない」という結果を解釈したい場合，その単語のテキスト全体での出現分布を可視化するツールを用いることで，その単語は「テキスト中の一つの段落にのみ集中して現れる単語で，テキスト全体の主題としてはふさわしくない」ことを確認できたりする。

6.1.4　結果の解釈における探偵作業★

　結果の解釈において行われる探偵作業は，得られた結果と背景知識（法則性）をもとに原因を探る仮説推論となる。

　目の前の結果から，なにが起こっていたと推測されるかについての「仮説」を立てて，その仮説が正しいかどうかを検証する探偵作業を行う。CS放送のディスカバリーチャンネルでは，「メーデー」という飛行機事故の原因を探る人気番組が放送されている。この番組では，事故の原因として考えられる要素を仮説

として列挙し，そのそれぞれが事故原因として成り立つかどうかを検証している。すなわち，結果の解釈を行う際には，結果を引き起こした原因に対する仮説を立て，その仮説の検証結果を解釈として記録することが必要となる。

　例えば，ある文章の分析結果において「ばなな」「りんご」「みかん」「れもん」などの単語が出現していたときに，「果物に関係する話題があったのではないか」という仮説を立て，その仮説が正しいかどうかを原文を見て確認することができる。その結果，その仮説が正しいことが裏付けられたり，あるいは実はこれらの単語は保育園のクラス名を表す単語で，実際には果物の話題はなく，クラスの話題であったという事実にたどり着くことができる。

　ここで大事なのは，結果に加えて背景知識がないと推論が行えないことである。背景知識には，一般常識あるいはドメインの知識が用いられる。特にドメインの知識が必要な場合，データ分析に精通しているだけでは解釈を行うことができない。上の例では，「ばなな」「りんご」「みかん」「れもん」は果物であるという背景知識を用いており，これは一般常識の範囲で与えられる仮説となる。しかし，これらの単語が保育園のクラス名として用いられていること，また各果物の名称が何歳児のクラスを表すかという知識は，その現場に携わっている人でなければ得られないドメインの知識になる。このようなドメインの知識は，入力された原文から推定して活用できるものもあると考えられるが，専門用語が並ぶ場合には，そもそも推測すらできないことも想定される。

　結果の解釈における探偵作業で重要なのは，結果に関係する背景知識をもとに仮説を立てることであり，背景知識を活用できない状況では，その仮説を立てることができない。そのため，背景知識を有する人と連携してデータ分析を行うことが必要となる。

6.2　分析結果と解釈の記録

6.2.1　結果と解釈の登録インタフェース

TETDM のメニューウインドウの中にある「結果」ボタンを押すと，ツール

が出力する結果を集めるための結果と解釈の登録インタフェース（図 **6.2**）が表示される。このウインドウを用いることで，集めた分析結果とその結果に与えられる解釈を，分析を行いながら逐次登録していくことができる。

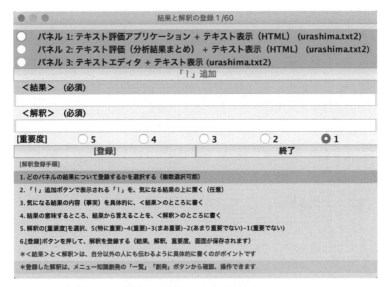

図 **6.2** TETDM の結果と解釈の登録インタフェース

1 **結果と解釈の入力** 結果と解釈の登録インタフェースには，入力が必須の項目として，気になる**結果**を入力するテキストフォームと，その結果の意味を**解釈**として登録するテキストフォームが用意されている。「結果」のテキストフォームには，誰が操作しても確認できる出力結果を事実として記入する。「解釈」のテキストフォームには，出力された結果に自分の考えをもとに意味を与え，背景知識や主観的な考えを含めて記入する。

例えば，浦島太郎のテキストを入力したときに，図 2.1 中央部のキーワードが出力されたとする。そこで気になるキーワードとして，「人間」「大事」に着目した場合，結果として「人間や大事という単語がキーワードとして出力された」と記入する。この出力結果は事実であるので，ほかの誰かが操作しても同じ結果を確認できる。つぎに，これらの単語がキーワードとして出力された意

味を考え，解釈として，例えば「人間にとって大事なものについての話がなされている」と記入する。この解釈は，解釈を行う人の背景知識や考え方が関わってくるため，同じ出力結果に対してであっても人によって記入される内容が異なってくる。

2 結果と解釈以外の入力　　TETDM では，複数のパネルに同時に結果が出力されるため，入力した結果と解釈がどのパネルの出力に対してのものかを特定できるように，図 6.2 上部で結果が言及するパネルにチェックを入れる。

その下にある，『「！」追加』はボタンになっており，結果と解釈の登録時にキャプチャーされる出力画面の中に，「！」の記号を加え，出力結果のどこに着目したかを明示することができる（**図 6.3**）。このキャプチャー画像は，次項で述べる登録した結果と解釈の一覧を表示する際に用いられる。

重要度の入力は，登録した結果と解釈を重要度で絞り込むために用いられる。データの分析者が相対的に重要と思われる結果と解釈に，自身で重要度を与える。

図 6.3 「！」つきの出力結果の
キャプチャー画像

これらの入力の後,「登録」ボタンを押すと,入力された結果と解釈が TETDM 内に登録される。

6.2.2 登録した結果と解釈の一覧表示

結果と解釈の登録インタフェースを用いることで,さまざまなツールの出力の中から気になる結果を集めていくことができる。一方で,登録済みの結果と解釈が多くなってくると,登録した結果を確認する必要が生じてきたり,異なる目的やデータで分析を行うときには,すでに登録されている結果と解釈を整理したり移動させる機能が必要になる。

図 **6.4** に,登録された結果と解釈の一覧表示を行うウインドウを示す。このウインドウは,メニューウインドウの「一覧」ボタンを押すことで表示することができる。このウインドウには登録済みの結果と解釈の一覧が表示され,各結果と解釈を「削除」するボタンや,結果と解釈を登録したときの状況を思い

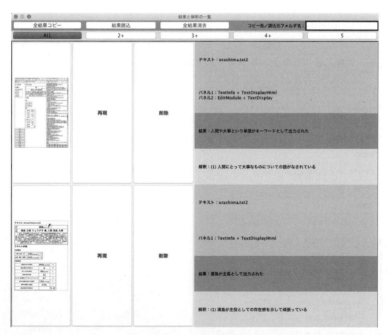

図 **6.4** 登録された結果と解釈の一覧表示

起こすために，結果と解釈を登録したときのツールをパネルにセットする「再現」ボタンが用意されている。

またウインドウの上部には，登録されているすべての結果と解釈を別のフォルダにコピーしたり，過去に作成した別フォルダから結果と解釈を読み込むボタンがあり，複数のデータ分析を並行して行ったり，終了した分析に関する結果を退避させたうえで保存できる。

6.2.3 結果と解釈の登録インタフェースの意味

データ分析の結果と解釈を記録する作業は，このような登録インタフェースを有しない環境においては，分析者が頭の中だけで行ったり，紙やエディタに記録する方法がとられることが多い。しかし，別媒体を用いるとその手間によって思考が途切れがちになったり，後から解釈の結果を再度確認してより深い考察を行いたい場合や，解釈の根拠としての出力画面を保存したいときに，大きな手間がかかることが予想される。

最初からどれが重要な結果になるかがわかっていれば，それについて細かく記録しておくこともできるが，知識創発プロセスの前半においては，可能性を秘めた結果を発散的に幅広く集めることが求められるため，後から再確認しやすい形で手軽に気になる結果を集められる環境を用意することには意味がある。

6.3 分析結果の解釈の統合と論理の飛躍★（10）

分析結果から得られた多くの解釈があったときに，それらを別々に扱うのではなく，複数の解釈をまとめる操作を繰り返してシンプルな**統合解釈**に置き換えることで，汎用的で応用可能性の高い知識を得ることができる（図1.3の「**10. 解釈の整理**」）。すなわち，集めた証拠から謎を解き明かす探偵の推理パートに相当し，データ分析とは独立な，背景知識と推理能力に依存するプロセスとなる。

6.3.1 分析結果の解釈の統合の手順★

この複数の解釈をまとめるプロセスは，つぎの二つのステップからなる。

1) 複数の解釈の共通点を見つける。

2) 見つけた共通点に基づいて，複数の解釈を一般化した新たな統合解釈を生成する。

　例えば，スーパーの販売履歴のデータを分析した結果の解釈として，「秋には果物がよく売れる」「秋にはゼリーがよく売れる」という二つの解釈が得られたとする。この二つの解釈から，例えば「果物」と「ゼリー」に共通する「食後のデザート」を挙げたうえで，「秋には食後のデザートがよく売れる」という二つの解釈を統合した解釈を得ることができる。

　統合解釈の生成は，この解釈の統合を再帰的に繰り返すことで行われる。図 **6.5** に示す解釈 1 から解釈 8 の八つの解釈が集められたとき，それらの二つまたは三つをまとめた統合解釈 A，統合解釈 B，統合解釈 C を得たとする。この後，これら三つの統合解釈を再び統合することで，すべての解釈をまとめた統合解釈 X を得ることができる。

　この再帰的な解釈の統合は，すべての解釈を一つの解釈にまとめるまで繰り返してもよいし，主要な複数の解釈にまとめられた（図 6.5 の統合解釈 A，B，

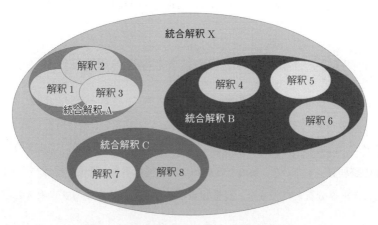

図 6.5 解釈の再帰的統合による統合解釈の生成

Cを得た）時点で終了としてもよい。いずれにしても，分析者が活用可能な知識が得られたと感じられることが重要となるため，解釈の統合を繰り返しても活用可能な知識が得られない場合は，試行錯誤が必要となる。例えば，統合時にまとめる解釈の組合せを変えてみたり，次項で述べる解釈の統合における論理の飛躍の程度を変えてみること，また時には新しい解釈を追加するためにデータ分析のプロセスに立ち戻ることも必要と考えられる。

6.3.2　解釈の統合と論理の飛躍★

　この解釈をまとめるプロセスでは，少なからず**論理の飛躍**が生じる。解釈の統合と論理の飛躍との関係を**図 6.6**に示す。図の左側は，まとめた解釈とほぼ必要十分な関係にある統合解釈 A を生成した場合であり，こちらは論理の飛躍が少ない。また図の右側は，まとめた解釈を拡大して一般化した統合解釈 B を生成した場合であり，こちらは論理の飛躍が大きくなる。すなわち論理の飛躍の大きさは，まとめるもとの解釈集合の大きさと，統合解釈の大きさとの差（図6.6 の解釈 1 から解釈 3 の楕円の面積の集合和と，統合解釈の楕円との面積の差）として，式 (6.1) で定義される。ただし，**解釈の大きさ**とは，解釈が当てはまる対象の広さを表すとする。

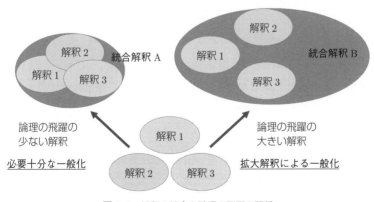

図 6.6　解釈の統合と論理の飛躍の関係

(論理の飛躍の大きさ)

$$= (統合解釈) - (解釈1) \cup (解釈2) \cup (解釈3) \tag{6.1}$$

例えば，表 **6.1** に示す解釈 1 から解釈 3 の三つの解釈が得られたとする。この三つの解釈をまとめた統合解釈の生成において，論理の飛躍が少ない堅実な解釈としては，統合解釈 A1「安い果物がよく売れている」や統合解釈 A2「果物がよく売れている」が与えられる。また，みかん，いちご，リンゴがいずれもビタミン C を含むという背景知識を有していれば，統合解釈 A3「ビタミン C を含むものがよく売れている」を導くことができる。「果物」を抽象化した「デザート」や「甘いもの」を用いると，論理の飛躍が大きい統合解釈 A4「デザートがよく売れている」や統合解釈 A5「甘いものがよく売れている」を作ることができる。

表 **6.1**　解釈と統合解釈の例

解釈の番号	解　釈
解釈 1	安いみかんがよく売れている
解釈 2	安いいちごがよく売れている
解釈 3	リンゴがよく売れている
統合解釈 A1	安い果物がよく売れている
統合解釈 A2	果物がよく売れている
統合解釈 A3	ビタミン C を含むものがよく売れている
統合解釈 A4	デザートがよく売れている
統合解釈 A5	甘いものがよく売れている

論理の飛躍が少ない解釈を繰り返すことで，信頼度が高い結果を得られるため，データが得られた背景の理解や現状の理解に役立てられる。一方で，論理の飛躍が大きい解釈を繰り返すと，信頼度は低くなるが汎用性が高い知識や，意外で突飛な，可能性を秘めた知識を得られる可能性が高まる。

6.3.3　分析結果の統合と論理の飛躍における探偵作業★

分析結果の統合においては，探偵作業として複数の解釈の共通点を見出してまとめる帰納推論の作業を行っていく。しかし，より汎用性が高い解釈を得るためには，抽象度の高い共通点を用いた帰納推論を行う以外に，演繹推論によっ

て，一つの解釈から新しい解釈を導く方法がある。演繹推論は「A ならば B」という論理展開を考えることに相当し，最初に作成した解釈から連想される事柄を考え，それを新しい解釈とする。例えば，「新鮮な食材を欲しがっている」という解釈からは，「おいしいものが食べたい」という解釈や，「健康に気をつけたいと考えている」という解釈を導くことができる。これは，「新鮮」ならば「おいしい」や，「新鮮」ならば「健康」という連想に基づいている。

　このような演繹推論では，さまざまな方向に推論を進めることができる反面，適切な方向性を見極めることが難しい。6.3.2 項の例でも，食材の販売を考えたときに，「おいしい」と「健康」では販売戦略が異なることが予想される。このような方向性の見極めにおいては，5.4.3 項で述べた試行錯誤における「アタリをつける」作業との共通性があり，並列かつ等価な推論先の中から，背景知識，自身の興味，直感によって推論先を選ぶことが必要となる。

6.4　知識創発インタフェース

　TETDM には，前節までに集められて登録された分析結果の解釈の集合を整理統合するための知識創発インタフェース（図 **6.7**）が用意されている[14]。知識創発インタフェースは，これらの解釈集合に対して前節で述べた再帰的な統合を繰り返すための機能を提供することで，統合解釈を得る支援を行う。

6.4.1　知識創発インタフェースを用いた解釈の統合手順

1　解釈の統合手順　　知識創発インタフェースの上部には，登録された結果と解釈の「解釈」として記入された内容が並べて表示される。これらの解釈の中で，関連する複数の解釈をマウスでクリックして選択して統合を進めていく。選択した解釈の「共通点」を記入するテキストフォームと，その共通点から考えられる「統合解釈」を記入するテキストフォーム（「解釈 1」）がインタフェース下部に用意されている。選択した複数の解釈について，関連があると考えた根拠となる共通点を記入したうえで，共通点を用いて複数の解釈を統合

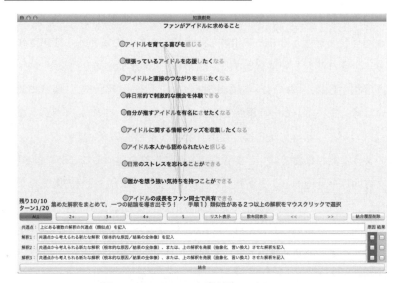

図 **6.7** TETDM の知識創発インタフェース

した（一般的には抽象化した）解釈を記入する。

　また，この統合解釈は多段にわたって行うことができるように複数のテキストフォーム（「解釈2」「解釈3」）が用意されている。すなわち，すでに記入した「解釈1」の内容から導かれる解釈を「解釈2」に記入し，さらに「解釈2」に記入した内容から導かれる解釈を「解釈3」に記入することができる。この統合解釈の繰返しは演繹推論に相当し，いわゆる三段論法の要領で，「A ならば B」から「B ならば C」と論理を繋いでいくことに相当する。ただし，多段の解釈を行うことは，論理の飛躍を大きくすることに相当するため，次節で述べる分析の目的に応じて利用の程度を調整することが望まれる。

　統合解釈を記入したうえで，インタフェース最下部の「統合」ボタンを押すと，選択した解釈に代わって入力された新しい解釈が表示される。なお，多段の解釈を行った場合は，一番最後に記入された解釈が表示される。この解釈の統合によって，解釈の数を減らすことができるため，解釈を繰り返すことによって，すべての解釈をまとめた一つの統合解釈の生成を目指す。

　2　**解釈の統合例**　　例えば，図 6.7 において，「ファンがアイドルに求め

ること」を分析の目的とした際に，「非日常的で刺激的な機会を体験できる」という解釈と「日常のストレスを忘れることができる」という解釈を統合する際には，共通点として「日常からの脱却」を挙げ，統合解釈 1 として「非日常の体験機会となること」を記入することができる。

　この統合解釈 1 は，元の解釈との関連度が高く堅実な解釈に相当する。そのため，アイドルの運営会社が必ず抑えるべき項目を検討する際にはこの解釈を使うことが望ましい。しかし分析の目的が，新しいアイドルの売出し方を考えたい場合においては，より拡大した解釈を与えることも必要となる。そこで，統合解釈 1 の「非日常」を発展させて「見たこともない能力を持つという設定を与える」という統合解釈 2 を記入し，さらに「見たこともない能力」を発展させて「魔法が使える」という統合解釈 3 を記入して，論理の飛躍を実現することもできる。

6.4.2　原因と結果を区別した統合解釈の生成

　明示的な因果関係としての知識の生成を促す機能として，統合した解釈に「原因」または「結果」のラベルを与えることができる。例えば，図 6.7 において「解釈 1」に解釈を記入した後，右にある「原因」または「結果」のチェックボックスをチェックすることでラベルが表示されるようになる。また，生成する統合解釈を「原因」と「結果」に切り分けることができ，「解釈 1」と「解釈 2」にそれぞれ原因と結果に相当する解釈を記入したうえで，右端のチェックボックスの「原因」と「結果」にそれぞれチェックを入れると，原因と結果を区別した統合解釈を生成することができる。

　例えば 6.4.1 項の例においては，統合解釈「魔法が使える」に「原因」のラベルを与え，同時に統合解釈「ファンが元気になる」を生成して「結果」のラベルを与えることで，「魔法が使える→ファンが元気になる」という因果関係の知識を前提とした二つの統合解釈を生成することができる（図 6.8）。

　「原因」と「結果」のラベルを用いることで，「原因」のラベルが与えられた解釈同士，「結果」のラベルが与えられた解釈同士を統合していくことで，最終的

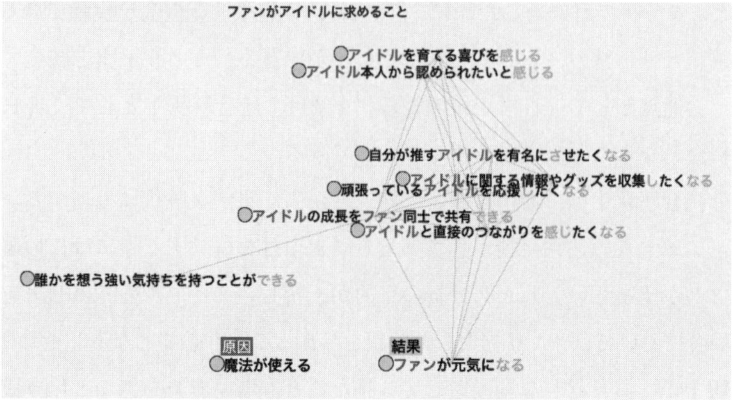

図 **6.8** 知識創発インタフェースの解釈の散布図表示と
「原因」「結果」のラベルを付与した例

に原因を表す統合解釈と，結果を表す統合解釈がそれぞれ一つ得られれば，その二つを組み合わせた**大局的な因果関係**を知識として得ることが可能になる。

6.4.3 知識創発インタフェースのそのほかの機能

図 6.7 のインタフェースにおいて，複数の解釈に共通して用いられている単語は，異なる色で表示される。また，共通の単語を用いた解釈を近くに配置する「散布図表示」ボタンが用意されており，統合する解釈を選択する際の解釈の共通点を見つけやすくしている（図 6.8）。

そのほか，解釈の統合を繰り返す過程を記録する機能を有しており，「統合」ボタンが押された後の各状態を再現して表示することができる。この機能によって，解釈の統合をやり直すことができ，解釈の統合の方法の試行錯誤を行うことができる。また，一度 TETDM を終了した後でも統合の過程を再現して確認することができるため，時間をおいて解釈の統合を行ったり，ある人が行った解釈とその統合過程をほかの人に伝えることもできる。

6.4.4 知識創発インタフェースの意味

集めた解釈の集合を整理する際に専用のインタフェースが用いられない場合

は，手書きのメモ，エディタや表計算ソフトなどを用いることになる。しかし，解釈を統合する過程においても試行錯誤が必要と考えられるため，TETDM が提供する知識創発インタフェースにおいて，統合のやり直しを含めて解釈を整理できる環境が整えられていることには意味がある。

また，解釈の統合時に「解釈1」から「解釈2」や「解釈3」へと解釈を繰り返すことで，演繹推論によって解釈に方向性を持たせることができる。6.4.1 項で述べた解釈を統合する際の解釈の抽象化と組み合わせることで，解釈の抽象化の程度と解釈の方向性を調整することができるため，データ分析者が持つ背景知識と組み合わせることで，さまざまな解釈にたどり着ける可能性がもたらされる。この解釈を統合する過程は，推理小説における推理と同様に，問題解決の手がかりを集めながら複数の手がかりが示す状況をまとめるとともに，そこから推論される事柄を導くことに喩えられる。

このように，分析結果が集められたときに，つぎになにをしてよいかわからない分析者に解釈を統合する手順を示すとともに，解釈を統合する作業を支援する点，またデータ分析ツールと同一の環境の中で知識創発まで行える点が，TETDM における知識創発インタフェースの意味となる。

6.5　分析の目的に応じた結果の解釈と統合★

6.5.1　分析の目的と論理の飛躍★

3.2 節で述べたデータ分析の目的の方向性に基づいて，知識創発によって最終的に獲得したい知識は，データの対象となっているドメインの現状把握や，知識を他人に伝えることを目的とする「主要な知識」の獲得と，データを手がかりとした新しい分野の開拓，新アイデアの発見を目的とする「新しい知識」の獲得とに分けられる（表3.1）。

6.1 節で述べた，分析結果に意味を与える解釈における堅実な解釈とは，解釈で用いる背景知識や推論から自然に導かれる解釈であり，新しい知識を獲得するための解釈では，結果との関連度が必ずしも高くない背景知識を用いたり，推

論において信頼度が必ずしも高くない因果関係や仮説を用いることが望まれる。

同様に複数の解釈を統合する際にも，主要な知識を獲得するためには，6.3 節で述べた論理の飛躍を小さくし，新しい知識を獲得するためには，論理の飛躍を大きくすることが望まれる。

すなわち，無理のない解釈と統合によって主要な知識が導かれ，少し自信が持てない，あるいは論理ではなく感覚に頼った解釈と統合によって新しい知識が導かれる。

6.5.2 創発された知識の価値の推定★

創発された知識の価値を推定する基準には，「目的との関連度」「適用可能性」「適用時の効果」「革新性と波及効果」が挙げられる。「目的との関連度」は分析の一貫性を保つために必要な指標であり，残りの三つは，研究者が研究費を獲得する際に書く申請書で記載が求められる項目にもなっている。すなわち，まだ不確定な未来に対して，効果的な未来を創造するに足りるだけの情報を有する知識の価値が高いことになる。

1 目的との関連度 得た知識が分析の目的の達成に貢献しないのであれば，知識の価値を認めることはできない。これまでの分析結果の収集と統合において目的を意識した分析を行っていれば，得られた知識が目的とかけ離れていることはないとも考えられる。しかし，分析結果から考察できることは，必ずしも分析の目的に関わる内容だけではないと考えられるため，分析の目的に関わる内容と付随的な内容とをしっかりと区別して分析を進めることが重要と考えられる。必要であれば，まず主目的を達成する知識を獲得した後で，新たに想起した目的に対して二次的な分析と知識創発を行うことが望まれる。

2 適用可能性 「適用可能性」は，どんなに素晴らしく感じる知識であったとしても，それを実際に使うことができないのであれば机上の空論となってしまうため，実際に適用可能かどうかを測る基準が必要となる。適用可能性には，知識を適用する人に依存するものと依存しないものとがある。

前者は，知識を適用する人にとって必要な資源の有無を表すもので，包括的

には財源の有無を表し，具体的には人材（マンパワーやスキルなど），物（物理的な資源やデータなど），環境（設備や社会の仕組みなど）の有無を表す。すなわち，資源を有する人あるいは入手可能な人にとっては適用可能であるが，資源が足りない人にとっては，その足りない資源を補える可能性がそのまま適用可能性になる。例えば，「商品販促のために100人のアイドルを使って宣伝する」という知識を適用するためには，100人のアイドルを集められるだけの財源や人脈が必要になり，それらを確保できる可能性が知識の適用可能性となる。

　後者は，人によらずに現実的に可能あるいは不可能となる程度を表す。人によらず現実的に可能な知識としては，通常の社会生活を送る人にとって一般的に実現が可能な知識が該当する。例えば，「毎朝公園に散歩に行く」「自転車で通学する」「テレビを1日30分に制限する」のように一般的な生活を送るうえで，意欲があれば実現できるレベルの行動を表す知識が該当する。逆に実現が不可能な知識としては，近い将来に実現できる見込みが低い知識が該当する。例えば，時間や空間をワープすることを前提にした知識であったり，人間の寿命が倍になった場合を前提にした知識などが挙げられる。

3　**適用時の効果**　　「適用時の効果」は，知識を適用したときの効果の大きさとして，分析の目的の達成度を推定することに相当する。例えば，新規顧客の獲得を目的にしたデータ分析の場合，新たに10名の顧客を獲得できる知識と，100名の顧客を獲得できる知識とでは，その達成度が異なることに相当する。

　効果が高い知識とは，信頼性と汎用性がともに高い知識であり，確実に幅広く適用できる知識ほど価値が高くなる。データマイニングにおけるルール抽出においても，信頼度と支持度という指標が用いられ，信頼度はルールの正しさ，支持度はルールを適用できるデータの多さを表している。ただし信頼度と支持度は一般的にトレードオフ（両方同時には成り立ちにくい）の関係があるため，両者を同時に満たす知識を得ることは容易ではない。

4　**革新性と波及効果**　　「革新性と波及効果」は，知識が与える分析の目的に対する直接の効果に加えて，その知識がいままでにはない新しさを有する

ときに，知識が別の分野にも応用され，広く展開される可能性を表す。端的には，応用可能性と言い換えることができる。

応用可能性が高い知識の例として，パレートの法則（80:20 の法則などとも呼ばれる）があり，「ある数量を生み出すものについて，当該数量の全体の 80％は，その数量を生み出す上位 20％のものによって占められている」という知識がある。この知識は，「世の中のお金の 80％は，人口比で上位 20％の富裕層の人が持っている」「ある文章中の 80％の単語は，出現頻度が高い上位 20％の種類の単語が占めている」など分野を問わずに適用できる。このような知識は，さまざまな分野への応用を期待することができ，可能性を秘めた知識としての価値を有する。

6.5.3　知識の価値と解釈の統合★

知識の価値の基準と知識創発との関係を図 **6.9** に示す。全体的に知識の価値を高めるためには，汎用的な知識に繋げるために多くの結果を集めるための「着眼力（気づきの力)」，分析の目的を意識した「分析結果の選別」，信頼度が高い知識を得るための「背景知識」に基づく解釈の統合の三つの土台が必要となる。

この三つの土台の上に，先に述べた知識の価値を計る四つの基準があり，そ

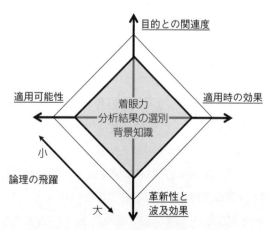

図 **6.9**　知識の価値の基準と知識創発との関係

れぞれの評価が高くなることを目指すのがよい。しかし，「適用可能性」と「革新性と波及効果」は同時に価値を高めることが難しい。これは，「適用可能性」は解釈集合を整理するプロセスにおいて，論理の飛躍が少ない解釈を繰り返すほうが実現の可能性が高くなるのに対して，「革新性と波及効果」は，従来の知識をベースにしていては革新性が生まれないため，抽象度を高めた解釈と大胆な仮説に基づいた大きな論理の飛躍が必要になることによる。

6.5.4 創発された知識と意思決定★

最後に，創発された知識をもとにした意思決定を行う。分析の目的に対して得られた知識を，分析を企図した社会活動あるいは個人の活動に適用できる意思決定を行う。意思決定の内容には，選択肢が用意されているものと選択肢が用意されていないものとがある。

意思決定の内容が選択肢で与えられる場合，得た知識によって各選択肢の有効度を測ることができるため，最も有効と考えられる選択肢を実行することができる。例えば，商品販売において力を入れる商品を決めたいときに，得た知識をもとに各商品の有効度を見積もって，最も効果的と考えられる商品を決定することができる。

意思決定の内容が選択肢で与えられない場合，得た知識をもとにしたトップダウン思考によって，具体化された行動を決定することになる。例えば，今後開発する新しい商品を決める場合，得た知識をもとに，まずは商品のコンセプトを決め，そのコンセプトに基づいて商品の機能，形状，価格などの具体的な条件を考えていくことになる。

知識は得ただけで価値を持つものではなく，効果的な意思決定に結び付けられてこそ価値が出る。より効果的な知識を創発するためには，知識を意思決定に結び付けた経験によって，失敗した経験は使えなかった知識を学習することに，成功した経験は使えた知識を学習することに繋がる。すなわち，知識を得るだけでなく意思決定と組み合わせた経験を重ねることも，より効果的な知識創発を行うために必要となる。

●6章のまとめ●

　6章では，収集した結果の解釈と統合による知識創発に関わる以下の項目について学んだ。

(1) 分析結果の意味づけによる解釈とは，「なぜ」その結果が得られたのか，分析ツールが出力した結果の根拠を考えることであり，データが対象とするドメイン（領域）の背景知識と，データの可視化による結果の出力背景を手がかりとして行われること。

(2) TETDM には，分析結果と解釈を記録するためのインタフェースが備えられており，分析を行いながら発散的に幅広く結果と解釈を収集できること。

(3) 分析結果の解釈の統合は，複数の解釈をまとめる操作を繰り返してシンプルな統合解釈に置き換えることで行われ，最終的に得たい知識に必要な信頼度に応じて，統合の際の論理の飛躍の程度を調整する必要があること。

(4) TETDM には，分析結果の解釈の集合を整理統合するための知識創発インタフェースが用意されており，統合を支援する機能や，統合の際の試行錯誤を支援する機能が用意されていること。

(5) 分析の目的に応じた価値の高い知識を得るためには，多くの結果を集めるための「着眼力（気づきの力）」，分析の目的を意識した「分析結果の選別」，「背景知識」に基づく解釈の統合の三つの土台に基づいて得られた知識の価値を推定できる力が必要となること。

●章　末　問　題●

【1】　以下のキャラクターアシストチュートリアルをクリアしよう。
(1) 通常モード（その1）の「マイニングの流れ」
(2) 通常モード（その2）の「マイニングの流れ」
【2】　分析結果に解釈を与える方法を説明してみよう。
【3】　分析結果の解釈を統合する方法を説明してみよう。
【4】　分析結果の解釈や統合において，論理の飛躍の大きさを調整する方法を説明してみよう。
【5】　TETDM のゲームモードでランクを500 まで上げてみよう。

7 TETDMによるデータ分析の実践と活用事例

　ここまでの各章で，1.3節のデータ分析による意思決定プロセスの各項目について，詳細を述べてきた。そこで本章では，この一連のプロセスを通して行う手順について，いくつかの分析の目的ごとにポイントとなる点と，データ分析事例について述べる。分析の目的に依存しない，データ分析による意思決定プロセスに基づく，一般的な分析手順は以下のようにまとめられる。

0. 蓄積データ：手元に存在するデータを確認する。

1. 分析目的の決定：なんのために分析を行うかを決定する。大きくは，現状の把握と新しいアイデアの生成のいずれかの方向性を決定する。

2. データ収集：決定した目的に対して，不足しているデータを収集する。

3. データ整形：収集したデータを，分析ツールに入力可能な形式に変換する。また分析に用いる単語，不要な単語を検討する。

4. ツール選択：分析の目的の達成に関係しそうなツールを選択する。

5. データ処理：選択したツールが分析処理を行う。必要に応じて処理ツールの設定変更や操作を行う。

6. データ可視化：選択したツールが可視化処理を行う。必要に応じて可視化ツールの設定変更や操作を行う。

7. 結果の収集：分析結果を眺めて，基準や平均からのずれが生じている箇所，ずれが大きい箇所などの，着目すべき結果を探す。

8. データ絞込み：着目すべき結果について，より詳しく調べるためにデータを絞り込む。

9. 結果の解釈：着目すべき結果に意味を与える。その結果が得られた原因を推理する。

10. 解釈の整理：収集した解釈を整理した統合解釈を生成し，原因と結果を繋ぐ因果関係の知識を獲得する。

　最も端的なデータ分析は，上記手順における下線部の「結果と原因のペアを収集すること」であり，収集した結果と原因のペアを整理，統合することができれば，知

識に繋げることができる。

以下の各節においては，この意思決定プロセスの各手順になぞらえて，データ分析の実践と活用の事例を挙げる。

7.1　自由記述による商品レビューの分析

世の中の多くの人の意見を集めるために，アンケート調査を行ったり，インターネット上のレビューを分析することがある。これらのアンケートやレビューでは，評価項目に5段階や3段階評価で点数をつけることもあれば，自由記述欄に言葉で意見を記入することもある。

与えられた点数を分析するのであれば，統計学を初めとする広く用いられている手法による分析を行うことができるが，自由記述欄に書かれた言葉の分析においては多くの場合，得られた意見を並べてリスト化したものを眺めるだけとなったり，類似する意見をまとめて，多かった意見を上から順に並べる程度にとどまることも多い。また，人手による分析のみでは少数意見の見落としがあったり，全体を把握するための集計をするだけでも大きな手間がかかる。そこで本節では，インターネット上のオンラインショッピングサイトの商品レビューを収集して TETDM で分析を行った例を示す。

7.1.1　レビューコメントの収集

分析の目的は，新商品開発のためのアイデアの獲得とする（「1. 分析目的の決定」）。インターネット上のオンラインショッピングサイトを，商品の販売元が自ら運営している場合，レビューコメントは「0. 蓄積データ」に相当する。すなわち，日々投稿される商品のレビューが受動的に蓄積されるところで，なんらかの分析を行いたいと考えた場合に相当する。一方で，他社のオンラインショッピングサイトから，自社の商品に関連する商品のレビューコメントを集める場合は，データ分析に必要なデータを能動的に集める「2. データ収集」に相当する。

レビューコメントを TETDM に入力するためには，レビューコメントを集めたテキストファイルを作成する必要がある。最も単純には，サイト上のレビューコメントをコピーアンドペーストでテキストファイルに貼り付けて作成する。このとき，一人分のコメントの終わりに「スナリバラフト」を挿入することで，セグメントの区切りとする（「3. データ整形」）。次項では，あるショッピングサイトから，とあるヒーターについての 150 件のレビューコメントを手作業で収集して TETDM への入力テキストとした分析例を示す†。

7.1.2 レビューコメントの分析

レビューコメントの分析は，起動時に表示される「テキスト評価アプリケーション」でセット可能なツールを利用していく（「4. ツール選択」「5. データ処理」「6. データ可視化」）。

図 7.1 に，処理ツール「単語情報まとめ」の出力結果を示す。「購入」のつぎに頻度が高い単語として，「脱衣」「部屋」が表示されており，これらの単語から「脱衣所」「部屋」とヒーターを利用する場所に言及するコメントがあることが推測される。そのほか，「コンパクト」「サイズ」などの大きさや，「デザイン」「ゴールド」といった見た目に言及する単語があることがわかり，全体的なレビューの傾向を感じ取ることができる。ここで，「コンパクト」という単語に着目（「コンパクト」という単語をクリック）してレビューの本文を確認すると，「小さいサイズは邪魔にならなくてよい」というレビューが多く，例えば「定常的においておくものはできるだけサイズが小さいほうがよい」と解釈することができる。

処理ツール「テキスト 2 分割」（テキスト評価アプリケーションで「単語情報」のツールセットを選択したときの右端のパネルの表示）の出力結果を図 7.2 に示す。「部屋」という単語を含むレビューが 29 件，「センサー」という単語を含

---

† より多くのレビューコメントを入力したい場合には，レビューコメントを含む Web ページをダウンロードソフトなどにより収集したうえで，コメント部分だけを自動的に抽出して，「スナリバラフト」を挿入するプログラムを作成することが想定される。

単語	品詞	頻度	文頻度	セグメント...	主語頻度
購入	1	86	83	73	0
脱衣	1	47	45	41	2
部屋	1	40	34	29	7
コンパクト	1	33	33	30	0
使用	1	28	27	26	2
満足	1	27	27	26	0
足元	1	27	26	25	10
センサー	1	19	19	19	7
ヒーター	1	18	15	13	7
サイズ	1	18	17	17	4
商品	1	18	17	15	4
デザイン	1	18	18	18	1
ゴールド	1	18	14	13	0
トイレ	1	17	15	11	1
場所	1	16	16	16	0
風呂	1	15	14	11	0
パワー	1	15	15	14	5
オレンジ	1	15	14	13	0
電気	1	14	14	13	7
感じ	1	14	13	12	4
持ち運び	1	13	13	13	4
重宝	1	12	12	12	0
注文	1	12	12	11	0
子供	1	11	11	10	5
プレゼント	1	11	11	11	0
値段	1	10	10	10	1
洗面	1	10	10	10	1
エアコン	1	9	9	8	2
邪魔	1	9	8	8	0
スイッチ	1	9	9	6	3
臭い	1	9	8	7	7
大変	1	9	9	8	0
便利	1	8	8	8	0
全体	1	8	8	8	1
レビュー	1	8	7	7	1
ナチュラル	1	8	6	4	0

図 **7.1**　ヒーターのレビューコメントの処理ツール
「単語情報まとめ」の出力

むレビューが 19 件あるが，両単語を含むレビューは一つもないことがわかる。
「部屋」という単語に着目してレビューの本文を確認すると，「一人暮らしの部
屋」「息子の部屋」など部屋での利用について言及しているのに対して，「セン
サー」という単語に着目してレビューの本文を確認すると，「脱衣所」「洗面所」
「トイレ」など普段は人がいない場所での利用について言及していることが確認
できた。そのため，例えば「センサー機能は，部屋以外での利用を想定する人
には必要だが，部屋で利用する人には不要な機能」という解釈を与えられる。

　また，データ絞込み機能によって「部屋」を含むレビューに絞り込んだ後（「8.
データ絞込み」）の，処理ツール「単語情報まとめ」の結果を図 **7.3** に示す。出

部屋(29,0)
使い(4,0)
全体(6,2)
時間(4,1)
器具(2,0)
遊び(2,0)
静か(3,1)
オレンジ(6,7)
移動(3,2)
石油(2,1)
ファン(2,1)
期待(2,1)
寝室(2,1)
程度(2,1)

満足(5,21)
台所(1,4)
自分(1,4)
木目(1,4)
到着(1,4)
快適(1,4)
簡単(1,4)
残念(1,4)
最初(1,4)
対応(1,5)
パワー(3,11)
購入(15,58)
問題(1,3)
交換(1,3)
予約(1,3)
ゴールド(3,10)
ヒーター(2,11)
コンパクト(5,25)
邪魔(2,6)
便利(1,7)

センサー(0,19)

図 **7.2** ヒーターのレビューコメントの処理ツール
「テキスト 2 分割」の出力

単語	品詞	頻度	文頻度	セグメント...	主語頻度
部屋	1	40	34	29	7
購入	1	15	15	15	0
オレンジ	1	8	7	6	0
足元	1	7	7	7	2
全体	1	6	6	6	0
ヒーター	1	5	4	2	1
コンパ...	1	5	5	5	0
電気	1	5	5	5	4
満足	1	5	5	5	0
使用	1	5	5	4	0
商品	1	5	5	4	1
感じ	1	5	5	4	2
脱衣	1	4	4	4	0
風呂	1	4	4	3	0
時間	1	4	4	4	3
静か	1	4	4	3	1
臭い	1	4	4	3	4
使い	1	4	4	4	0
運転	1	4	3	2	0
子供	1	3	3	3	2
移動	1	3	3	3	2
エアコン	1	3	3	3	1

図 **7.3** ヒーターのレビューコメントを単語「部屋」で
絞り込んだ後の処理ツール「単語情報まとめ」の出力

力中の「足元」という単語に着目すると，「部屋」と「足元」の両方の単語を含
むレビューに着目することができる。そこで表示された七つのレビューの本文
を確認すると，「部屋全体を暖めるのには不十分だが足元を暖めるには十分」と

いったコメントが多く確認できた。このことから，例えば「局所的な部位を温めたい場合と，部屋全体を温めたい場合の用途によって使い分けたい人がいる」と解釈することができる。

これらの解釈から，例えば「コンパクトさを維持しつつ高出力のヒーターを開発できれば，場所や用途に限定のない，汎用性の高い人気商品になるのではないか」というアイデアを出すことができる。

7.1.3 レビューのコメントと数値評価を組み合わせた分析

実際のアンケートや商品レビューにおいては，自由記述のコメント以外に5段階や3段階評価の数値が与えられていることが多い。TETDM上でテキストデータの整形を行うことにより，数値データと組み合わせたテキスト分析を行う方法として，例えば5段階で与えられる総合評価の数値が4や5であれば，そのレビューコメントに高評価を意味する「ポジティブ」の文字列を加え，総合評価の数値が1や2であれば，そのレビューコメントに低評価を意味する「ネガティブ」の文字列を加えた整形を行うことが考えられる。そうすることで，「8.データ絞込み」によって，ポジティブなコメントだけの分析結果と，ネガティブなコメントだけの分析結果を確認したり，ポジティブなコメントとネガティブなコメントの比較を行うことができる[†]。

とあるスマートスピーカーの高評価のレビュー100件と低評価のレビュー100件のそれぞれに，「ポジティブ」と「ネガティブ」の文字列を加えたときの分析結果（テキスト評価アプリケーションで「単語情報」のツールセットを選択したときの右端のパネルの表示）を図 **7.4** に示す。左側の「音楽」や「音質」などの単語から「音質の高い音楽の再生」がポジティブな評価に繋がっていること，また右側の「日本語」「返答」「返事」などの単語から，「日本語の認識精度」がネガティブな評価に繋がっていることが推定できる。

[†] より TETDM に慣れたユーザ向けには，R 言語と呼ばれるプログラミング言語を利用して，テキストデータと数値データの両方を入力として，数値データの値によってテキストデータを絞り込んで分析するためのツールも，TETDM サイト内で公開されている。

ポジティブ(100,0)	ミュート(1,1)	ネガティブ(0,100)
毎日(13,1)	単純(1,1)	日本語(0,10)
音質(17,5)	未来(1,1)	接続(3,13)
便利(17,5)	複雑(1,1)	再生(3,13)
言葉(11,2)	起動(1,1)	返答(0,6)
リビング(6,0)	プログラミング(1,1)	無視(0,6)
音楽(37,19)	枕元(1,1)	残念(2,10)
音量(9,2)	個人(1,1)	返事(0,5)
家族(4,0)	サポート(1,1)	確認(0,5)
照明(4,0)	バカ(1,1)	状態(0,5)
	定型(1,1)	完了(0,4)
	連呼(1,1)	時期(0,4)
	最大(1,1)	不具合(0,4)
	場所(2,2)	サービス(0,4)
	傾向(1,1)	エラー(0,4)
	スマートホーム(1,1)	
	辺り(1,1)	
	程度(3,3)	
	一人暮らし(1,1)	
	調べ(1,1)	
	増加(1,1)	
	印象(1,1)	
	初期(1,1)	
	付き(1,1)	
	様子(1,1)	
	名前(2,2)	
	無理(1,1)	
	外部(2,2)	
	映画(1,1)	
	リスニング(1,1)	

図 7.4 レビューコメントに数値評価情報を加えた
テキスト分析結果の例

7.2 大学講義のレポート評価

　大学の教員をしたことがある人であれば，少なからず講義や演習，実験のレポートの評価に携わり，割かれる膨大な時間をなんとかしたいと考えたことが一度はあると思われる。この場合に TETDM を用いる目的（「1. 分析目的の決定」）は，適切なレポート評価の実施となり，そのためには評価のための労力の削減や適切な評価基準の模索という二次的な目的も含まれる。またレポートの確認は大学教員に限られるものではなく，さまざまな業務レポートの確認からの業務内容を改善するための分析や，業務レポートの書き方の改善指導を促すための分析も想定される。しかし実際には，日々蓄積されるレポートを確認する手間をかけられなかったり，有効な知識を抽出する方法を持たない場合，分

析が行われずに放置される状態になっていることも多いと考えられる。

　自ら課したレポートを収集しての評価であれば，能動的に「2. データ収集」
を行うことに相当し，講義レポートでなくとも日々の業務レポートや出張の報
告書など大量の報告書が蓄積される場合は，「0. 蓄積データ」の分析を行うこと
に相当する。レポート評価には，内容の優劣に関わる評価と，内容の独自性に
関わる評価がある。これらの評価のためには，複数のテキストの分析を行うた
めのツールセットが備えられている，拡張モードで利用できる図 **7.5** のテキス
ト集合評価アプリケーションを用いると，容易にツールセットを選択すること
ができる。

図 **7.5**　処理ツール「テキスト集合評価アプリケーション」

7.2.1　レポートの内容評価

　処理ツール「テキスト集合評価アプリケーション」の中の「レポート評価」
ツールセットの中に，レポートの内容評価に関わるツールとして，処理ツール
「レポート評価（結果＋意見）」が用意されている。このツールは，おもに理系

の実験系のレポートの考察部分を対象に，100 点満点でレポートの採点を行う。具体的には，レポートの主題に沿った単語を含むことを前提として，意見とその根拠（実験結果）が 1:1 の割合で含まれると点数が高くなる評価を行っている[15]。

43 人分のある実験レポートを TETDM に入力したときの，処理ツール「レポート評価」の結果を図 **7.6** に示す。出力中の一つのノード（円）が 1 人分のレポートを表しており，全員のレポートに与えられた評価点をもとに，偏差値が 40 以下のレポートを赤色の領域（出力上部）に，偏差値が 40 から 60 のレポートを黄色の領域（出力中央部）に，偏差値が 60 以上のレポートを青色の領域（出力下部）に出力する。また，ノードにマウスカーソルを合わせると，レポートの点数が表示されるとともに，隣接するパネルでレポートの本文を確認することができる。

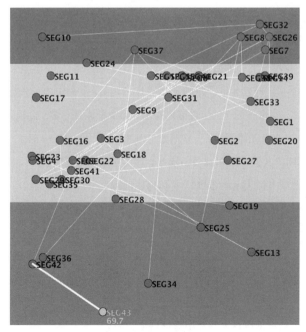

図 **7.6**　レポート集合に対する処理ツール「レポート
評価（結果＋意見）」の出力結果例

　レポートの採点者は，ここに表示される点数を参考に，実際の点数づけを行うことで，なんの指標もない状態で一から採点を始めることに比べて，その採点の労力が軽減されることが期待できる。特にレポートの採点は内容の自由度が高くなるほど，絶対的な基準以外に，相対的な基準で行われることも多く，複数のレポートを採点していく中で全体の出来具合を把握して，自分なりの採点基準を見出していく必要がある。このとき，全体の傾向を把握でき，各レポートが相対的にどの程度よく書けているかの情報を参考にしながら採点を行える環境は，レポート評価の労力の軽減を助けると考えられる。

　レポートの採点に限らずとも，なんらかの判断を独断で行うのには勇気がいるものである。例えば，裁判において判例が量刑の基準となるように，参考になり得る指標を用いることができれば，与えた判断に対する自信を持つことも可能になる。もし本ツールによる採点基準とは異なる基準を用いたい場合には，先に述べた方法によりプログラミングが可能な人と連携することで，新たなレポート採点用のツールを追加して利用することもできる。

7.2.2　レポートの独自性評価

　処理ツール「テキスト集合評価アプリケーション」の中の「独自性」ツールセットの中に，レポートの独自性評価に関わるツールとして，可視化ツール「段落間ネットワーク（類似度順）」が用意されている。このツールは，複数の段落（レポート）間で共通の単語が多いほど類似度が高いと評価して，類似度が高いレポートほど下方に表示する[16]。具体的には，すべて同じ単語のみで構成されているレポート同士の類似度を 1 として，0 から 1 の実数値（4.3.3 項で述べた cos 類似度の値）でレポート同士の類似度を評価し，あるレポートの類似度の評価値は，そのレポートと最も類似度が高いレポートとの間の類似度とする。すなわち，あるレポートがいずれか一つのレポートと酷似していれば，そのレポートの独自性は低く（類似度は高く）なり，いずれのレポートとも似ていないレポートの独自性は高く（類似度は低く）なる。

　43 人分のある実験レポートを TETDM に入力したときの，可視化ツール「段

落間ネットワーク（類似度順）」の結果を**図 7.7** に示す。出力中の一つのノード（円）が一人分のレポートを表しており，全員のレポートに与えられた類似度の評価値をもとに，類似度が 0.5 以下のレポートを青色の領域（出力上部）に，類似度が 0.5 から 0.75 のレポートを黄色の領域（出力中央部）に，類似度が 0.75 以上のレポートを赤色の領域（出力下部）に出力する。

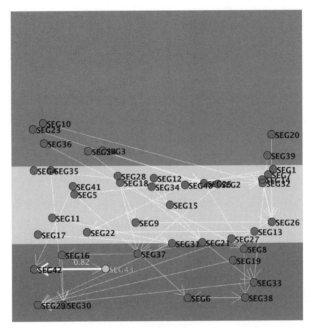

図 7.7 レポート集合に対する可視化ツール「段落間
ネットワーク（類似度順）」の出力結果例

　処理ツール「テキスト集合評価アプリケーション」から「類似度比較」のツールセットを選択した状態で，段落間ネットワークのノードにマウスカーソルを合わせると，選択したレポートと最も類似度が高いレポートとの間に太い線が表示され，それら二つのレポートの本文が隣接するパネルに表示される。また両レポートの共通単語と異なる単語をハイライトで表示するための処理ツール「テキスト間類似度」も連動させて利用することができる。

　このツールによる独自性の評価値は，独自の考えが必要なレポートにおける

評価を行う際の参考値として使うことができる。例えば，時事問題をテーマにしたレポートを出題した際に，ほかの人と同じテーマで，同じ観点で論理を展開していると，使われる共通の単語が多くなりレポートの独自性が低くなる。

　電子的にレポートを作成する場合，安易に他人のレポートの内容を真似るケースが存在する。しかし，人手で一つずつレポートをチェックしている場合，ある記述を過去にチェックしたレポートのどこかで見たという記憶があったとしても，それを探す作業が面倒であったり，どの程度のレポートで共通して用いられている記述かを即座に確認することは困難であるが，本ツールを用いることでその労力が大幅に軽減されることが期待される。

　レポート評価以外にも，就職活動のエントリーシートを読む企業の人事担当者も，独自性の高い内容を評価することがあると思われるが，その際に本ツールを使って客観的に独自性の高いエントリーシートをピックアップすることも可能になる。業務レポートの確認においても，独自性の高いレポートを抽出することで，通常とは異なる記述の検出に役立てることも可能になる。

7.2.3　レポートの内容評価と独自性評価の組合せ

　先のレポートの内容評価と独自性の評価は別々に用いることも可能だが，この二つのツールを連動させて利用することで，新たな事実を発見できる可能性がある。

　処理ツール「テキスト集合評価アプリケーション」の「レポート評価」のツールセットを選択した状態では，先のレポートの内容評価と独自性評価の両方の出力を連動させて確認することができる。すなわち TETDM のフォーカス機能によって，両者のレポート集合を表示するツール上でマウスカーソルを合わせて着目したレポート（セグメント）は，フォーカスセグメントとしてほかのツール上でもハイライトされる。そのため，各レポートの内容の良し悪しと独自性の情報を同時に組み合わせて確認することができる。

　図 7.6 と図 7.7 は，いずれも「SEG43」というレポートに着目した状態となっており，前者のレポートの内容評価としては，最高点の 69.7 点が与えられてい

る反面，後者のレポートの独自性評価では，類似度が 0.82 でもっとも独自性が低い下部の領域に表示され，最も類似度が高い「SEG42」のレポートに向かう方向で矢印が表示されている。この矢印は共通単語と異なる単語の数から，どちらの方向に内容が引用された可能性が高いかを計算して表示している。これらのことから，「SEG42」のレポートを書いた人は，能力が高いと考えられる「SEG43」のレポートを書いた人と仲良くしていることが推察される。

このように，さまざまな情報を個別に眺めるだけでなく，複数の情報を組み合わせて眺めることで新たな情報が浮かび上がることがある。最も単純には，A と B という二つの指標があったときに，A の値が高ければ B の値も高くなる（いわゆる比例する）場合と，A の値が高いほど B の値は低くなる（いわゆる反比例する）場合とでは二つの指標間の関係がまったく異なってくる。そのため，複数の指標をできるだけ並列に連動させて眺められる環境を用いることには意味がある。

7.3 卒業論文のセルフチェック

レポートや論文などを作文する場合，自分の頭の中で暗黙的に知っている事柄を省略して書いてしまうことがよくある。これを避けて相手に伝わる文章を作成するためには，客観的に読みやすい文章になっているかを自分自身で確認できる必要がある。

大学の卒業論文の執筆においては，まず自分で論文を書き上げたうえで，先生のチェックを受けて必要な修正を行って完成させるのが一般的と考えられる。その際に，提出締切りまでの期間が短いなどの理由により，自分自身で十分にチェックを行わないで先生に提出すると，先生の論文修正の負荷が大きくなり，結果として論文の完成度が低くなるケースが生じる。すなわち論文の修正においては，先生による専門的な知見のもとで，論文の主張に対して必要な根拠データの取捨選択や論理の飛躍の有無の確認など，論文の内容改善に向けた修正をしっかり行ってもらいたいと考える。しかし完成度が低いと，記述が大きく欠

落するなどの単純な説明不足の解消，欠落している主語の追加，長すぎる一文の分割，曖昧な記述の削除など，まず日本語としての意味が通じるように修正するだけで多くの時間を取られてしまう。

そこで TETDM を用いることで，最初に自分自身で論文をチェックして，自分で行える修正を行ったうえで先生に論文を提出することで，論文執筆者と先生がともに効果的に作業でき，完成度の高い論文を作成できるようになると考えられる。なおこの考え方は，就職活動を行う学生がエントリーシートを作成する場合においても同様となる。

7.3.1 論文からの入力テキストの準備

自分で作成する文章の推敲や校正を目的とする場合，「0. 蓄積データ」はなく，「1. 分析目的の決定」は質の高い論文の執筆となり，「2. データ収集」のところでは，自分が論文が執筆することで入力テキストを作成する。

入力テキストは，執筆している論文をエディタ（ワープロ）ソフトからコピーアンドペーストで TETDM に貼り付けて入力するか，テキストファイルに一度保存してから読み込ませる。テキストファイルの読込みを行う際は，TETDM の起動モードを「通常モード」または「拡張モード」に切り替えてから行う。

「3. データ整形」のところでは，執筆中の論文には TETDM で分析処理を行うためのセグメント（段落）の区切り記号がないため，章や節の区切りのところに，セグメントの区切り記号の「スナリバラフト」を挿入する。挿入の方法は，章や節の区切りの箇所に，手作業で文字列「スナリバラフト」を挿入していくか，処理ツール「テキストエディタ」上で「空行で段落に」のボタンを押して，空行の箇所に自動的に挿入するかのいずれかで行う。後者の方法は，あまり手間をかけずに論文の現状を確認するために，つぎに箇条書きで説明する整形を簡略化，あるいは省略して文章のおよその傾向を探る際に行うのがよい。

論文からより適切に指標を得るために，例えばつぎのテキスト整形を行うことが考えられる。

(1) 論文タイトル，章や節のタイトルの後ろに句点（「.」または「。」）を追

加して，文の区切りを作る。

(2) 図や表とそのタイトル，数式を削除する。

(3) 著者紹介，謝辞，参考文献など，本文以外の記述を削除する。

(4) Tex などの文書整形ソフトウェアを利用している場合，その整形用のタグを削除する。

(1) は文の区切りがないことによって，タイトルとつぎの一文が繋がって長い一文にならないようにするための措置になる。また (2) から (4) は，本文以外の記述が，分析結果に影響しないようにするための措置になる。テキスト分析は，おもに TETDM の「キーワード設定」で設定した単語に基づいて行われるが，例えば文章の文字数のカウントは，論文中のすべての文字を対象に行われるため，不要な文字列は削除しておくことが望ましい。

7.3.2 論文修正のための分析

論文テキストの入力が終わったら，起動時に表示される「テキスト評価アプリケーション」でセット可能なツールを利用していく（「4. ツール選択」「5. データ処理」「6. データ可視化」）。まずは中央に表示される，処理ツール「テキスト評価（分析結果まとめ）」を参照して，表示されている主役，主題，最重要文が自身の論文に対して適切なものかどうかを確認する。また，文章構成として文章の主題に関する一貫性，ならびに文章表現としての各項目の結果を見て，大きな減点がなされている項目がないかを確認する。なお，各項目の意味と採点基準は，表 4.1 に示した通りとなっている。

各点数の根拠をより詳細に確認するためには，4.1 節で述べたように，「テキスト評価アプリケーション」のボタンを利用して，点数づけに対応するツールをセットして結果の根拠を確認することができる。「7. 結果の収集」では，これらのツールをセットして結果を確認する中で，論文の修正すべき点を自ら発見して論文の修正を行う。ただし結果の解釈を記入する際には，文章作成のスキルを身につけることを念頭に考えるのであれば，なぜそのような減点が起こったのか，自分自身の執筆時の考え方をもとにした解釈を記入することが望まれ

る。また，文章の修正すべき点だけでなく，減点がなくよく書けている点につ
いても結果と解釈を行うことで，解釈を統合する際の手がかりを一つでも多く
集めておくことが望ましい。

文章執筆支援の例として，本書の 1.1 節から 1.3 節を TETDM に入力したと
きの処理ツール「テキスト評価（分析結果まとめ）」の出力結果（ただし執筆途
中のもの）を図 **7.8** に示す。文章構成における主題一貫性は高い数値が得られ
ている反面，文章表現では数多くの減点がなされていることがわかる。これら
の減点箇所を，各対応ツールによって確認したうえで，それらの減点がやむを

テキスト [tetbook1.txt2]

主役	信頼(12)		
主題	分析 データ ツール 決定 意思 プロセス		
最重要文	データ分析に不慣れな人は，\ref{fig:process}のデータ分析による意思決定プロセスの全体像を把握していないため，人間の作業を必要としない「0.蓄積データ」「5.データ処理」「6.データ可視化」の3つの項目がプロセスのすべてと誤解しているケースが多い。---Panoramic View System InDicative(1/128)---		

テキスト評価

文章構成

主題一貫性（文）	97% (125/128)	0
主題一貫性（単語）	90% (302/332)	0

文章表現

主語を含む文の割合	69% (89/128)	−39
長文の数(100字以上)	26	−130
単語冗長文の数	72	−67
あいまい単語数(よう/など/いう/という)	34	−34
失礼な単語を含む文の割合	27% (35/128)	−7
漢字を使用する割合	35%	0
総合評価(100点満点)		**−177 点**

図 **7.8** 本書の執筆途中の 1.1 節から 1.3 節を TETDM に
入力したときの処理ツール「テキスト評価（分析結果まと
め）」の出力結果

得ない減点なのか，あるいは改善すべきものなのかを判断して，必要に応じて修正することができる。

例えば，「よう」「など」「いう」「という」のあいまい単語が合計 34 回使われている結果に着目する。書籍は報告書に比べ，あまり内容を限定，断定しすぎると適用範囲が狭くなったり怪しさが増すと考えられることと，表現に一定の柔らかさを持たせたほうが読み進めやすいとも考えられることから，これらの単語の積極的な削除は行わない，という判断ができる。

著者が所属する大学の研究室では，卒業論文や修士論文のチェックに際して，まずは自分で TETDM に論文を入力して，このツールが出力する点数が 80 点以上の状態にしてから持ってくるように学生に指示を行っている。これにより，同ツールが確認済みの項目を気にすることなく，内容を重視したチェックを行えるようになった。

このツールが表示する項目は，文章のチェック時に確認する項目のうち機械的に判別しやすいものが用意されている。これらの項目を先生が指導する場合，口頭または文書で指示を与えることになると考えられるが，学生はすべてを記憶して，かつすべてを意識して執筆することは多くの場合困難で，必ず見落としが生じてくる。また，これらの項目を先生が目を皿のようにしてチェックする労力を考えれば，機械的にくまなくチェックできるツールの有用性は大きいと考えられる。

7.3.3 分析結果からの文章作成スキルの獲得

論文を修正する際に，ただ減点を引き起こした結果を修正するだけではなく，なぜそのような書き方をしてしまったのか，その理由を考えることが「9. 結果の解釈」となる。加えて，その書き方の根本的な原因までを「10. 解釈の整理」によって考えることができれば，文章作成のスキル獲得にも繋げることができる。すなわち，自分の文章の特徴を列挙したうえで，それらを整理，統合する知識創発を行うことで，自分の文章作成スキルの獲得を目指すことも可能となる。

ただし，締め切り間際の段階で時間をかけて解釈の整理まで行うことは厳し

いため，卒業論文の作成時には，「7. 結果の収集」で終わることもやむを得ない
と考えられる。逆に，卒業論文を書く以前の段階で，文章作成のスキルを磨くた
めのゼミの開催などによって，自分の文章の特徴を知識として得る機会を設け
ることが理想となる。また，卒業論文以外にも，エントリーシートの作成や，学
会原稿の執筆，レポート課題の提出など文章を書くさまざまな機会で TETDM
を活用できると考えられる。

そのほか，現在の採点方法や採点基準を変えたい場合は，処理ツール「テキス
ト評価（分析結果まとめ）」のプログラムを変更することで対応できる。また，
独自の評価を行うための採点項目の追加については，TETDM は個別にツール
を追加実装できる仕組みとなっているため，プログラムの作成が可能な人と連
携して独自の評価を行うツールを作成し，処理ツール「テキスト評価（分析結
果まとめ）」と連動するように動かすこともできる†。

7.4　研究テーマの策定

研究開発職に携わっている人であれば，つぎにどのようなテーマで研究や開
発を進めるかのアイデアを出して検討するときがある。その際に，頭の中の情
報のみからつぎのテーマを即座に決定できる場面は少なく，世の中の状況を確
認しながら方向性を探る必要がある。

7.4.1　研究テーマ策定のためのデータ収集とデータ整形

例えば，最近の AI ブームに乗って，深層学習を用いた新しい研究を進めた
いと考えたとする（「1. 分析目的の決定」）。そのためには，深層学習に関して世
の中でどのような研究が進められているかを表すデータを収集（「2. データ収
集」）する必要がある。そこで最新の研究動向として，2019 年度の人工知能学

---

†　Java の開発環境がインストールされている PC で，既存ツールのプログラムを変更，
　あるいはツールを追加して再コンパイルすることで変更できる。またツール作成の方
　法は，TETDM サイト（https://tetdm.jp）内に解説がある。

会全国大会の研究発表の中から，深層学習に関連する研究テーマの概要を集め，そのテキスト集合の分析を試みた例を示す。同大会の研究発表の概要は，インターネット上の学会サイト[†1]から入手ができる。

　深層学習に関連する研究テーマを集めるためには，タイトルに「深層学習」を含む発表を集める方法や，大会プログラム上で機械学習に関係するセッションからの発表を集めるなどの方法が考えられる。同大会サイト内には講演検索の機能があるため，データ収集の手間を抑え，かつ専門的な知識が不要な前者の方法を用いてデータの収集を行い，114 件の発表のタイトルとアブストラクト（講演概要）の収集を行った。入力となるテキストファイルを作成するために，サイト上の検索結果について，発表のタイトルとアブストラクトをすべてコピーアンドペーストで貼り付けたテキストファイルを作成した。その際，検索結果に含まれる，研究発表とは異なる特別企画の内容は除くようにした。

　つぎに「3. データ整形」を行った。収集したアブストラクトは，複数の人が異なる PC 環境で書いたテキストとなっているため，全体の見た目の体裁を整える整形を行った。まず，一つの発表のタイトルとアブストラクトを一つのセグメントとして，それらセグメント間の区切りとして「スナリバラフト」の文字列を手作業で挿入した。また，句読点を統一するために，全角の「、」や「。」あるいは，半角のカンマ「,」やピリオド「.」を，全角の「，」と「．」に一括置換により変換した。その後，小数点など半角のピリオドが正しい記述の箇所については，再度手作業で戻す修正を行った。加えて，アブストラクト中の空行や半角スペースは削除して，ツール上で原文を表示した時の見た目の体裁を統一する整形を行った。日本語文字コードは，Shift-JIS で表現できない文字が含まれていたため，UTF-8 で統一した[†2]。

[†1] 2019 年度人工知能学会全国大会：（URL）https://www.ai-gakkai.or.jp/jsai2019/ （2019 年 8 月 17 日確認）

[†2] TETDM で文字コード UTF-8 のテキストファイルを入力とする場合，メニューウインドウの「ファイル」ボタンからファイルを入力する際に，ファイル形式で「日本語（UTF-8)」を選択する必要がある。

7.4.2 研究テーマ策定のためのデータ分析

処理ツール「単語情報まとめ」の出力を図 **7.9** に示す。この出力の頻度上位の単語をもとに，発表全体の傾向を確認すると，深層学習を利用する目的として，「予測」「生成」「分類」「認識」などがあることがわかる。

単語	品詞	頻度	文頻度	セグメント...	主語頻度
学習	1	347	275	104	18
深層	1	177	169	87	6
手法	1	152	131	64	19
モデル	1	136	108	48	15
提案	1	126	120	73	18
研究	1	122	119	81	82
画像	1	107	91	42	2
データ	1	104	79	37	7
結果	1	82	78	65	4
予測	1	79	61	25	8
生成	1	75	59	24	6
可能	1	60	59	43	7
精度	1	57	54	36	13
情報	1	57	45	24	2
分類	1	53	40	19	3
実験	1	52	52	50	9
強化	1	52	50	22	3
問題	1	50	50	37	6
評価	1	49	44	30	0
システム	1	49	45	25	2
表現	1	48	39	20	1
行動	1	45	35	15	1
自動	1	44	42	25	2
タスク	1	43	33	16	3
目的	1	41	39	31	4
特徴	1	40	35	23	2
性能	1	40	39	23	6
必要	1	37	36	24	9
場合	1	37	33	25	7
変換	1	36	31	13	3
認識	1	36	31	17	6
最適	1	36	32	20	4
重要	1	35	33	30	1

図 **7.9** 2019 年度の人工知能学会全国大会の発表の
処理ツール「単語情報まとめ」の出力

またこの表の中で，研究で行われる作業の一つとして考えられる「変換」という単語が，13 件の発表に用いられていることに着目したとする。処理ツール「テキスト評価アプリケーション」のツールセット「単語情報」をセットした状態で，「変換」という単語をマウスでクリックすると，**図 7.10** の処理ツール「関連単語情報」の出力で，「変換」と同時に用いられている共起単語の情報を確認

単語	共起頻度
変換	36
画像	15
スタイル	10
学習	8
研究	7
表現	7
空間	6
間取り	6
深層	5
可能	5
グラフ	5
提案	4
特徴	4
入力	4
アイテム	3
抽出	3

図 7.10　2019 年度の人工知能学会全国大会の発表の処理ツール「関連単語情報」の出力

することができる。この出力から「変換」という単語と「画像」という単語が同時に用いられていることがわかる。そこで，これをより詳細に確認するために，メニューウインドウの「絞込み」ボタンを押して，「変換」を含む発表に絞込みを行う（「8. データ絞込み」）。なおこれは，「変換」という単語をクリックした時点で，それが絞込み条件に自動的に設定されていることを利用している。

データの絞込みを行った後の，処理ツール「単語情報まとめ」の出力（セグメント頻度の高い順）を図 7.11 に示す。ここでも，絞り込んだ全 13 件のうち 8 件の発表で「画像」という単語が使われていることがわかる一方，「画像」を

単語	品詞	頻度	文頻度	セグメント頻度	主題頻度
変換	1	36	31	13	3
学習	1	33	28	12	1
深層	1	25	22	11	2
研究	1	16	15	10	10
画像	1	23	20	8	1
提案	1	14	13	8	1
結果	1	8	8	7	0
近年	1	7	7	7	0
手法	1	15	12	7	4
実験	1	6	6	7	1
認識	1	11	10	6	1
目的	1	6	6	6	1
特徴	1	11	11	5	0
可能	1	13	12	5	1
必要	1	8	8	5	4
自動	1	8	8	5	0
確認	1	5	5	5	0
抽出	1	11	11	4	1

図 7.11　2019 年度の人工知能学会全国大会の単語「変換」を含む発表の処理ツール「単語情報まとめ」の出力

用いていない5件の発表があることがわかる。そこでその5件の発表を確認するために、「画像」という単語をクリックした後、ディスプレイの右上に表示されるデータの絞込みウインドウで「条件を否定」ボタンを押すと、**図7.12**の表示がなされ、「変換」を含み「画像」を含まない発表のみの結果にデータを絞り込むことができる。絞込みを行った後に、各発表のアブストラクト本文を確認したところ、パラメータや特徴表現の変換、テキストの特徴の変換などの研究が行われていることが確認できた。

図 **7.12**　2019年度の人工知能学会全国大会の単語「変換」を
含む発表に対する絞込み条件の追加設定

このように、着目する単語を起点として、情報を確認したりツールを切り替えたりすることで、複数の情報を確認して存在する研究テーマの情報、ならびに存在しない研究テーマの情報を集めて、結果として記録していく（「7. 結果の収集」）。先の「変換」の例であれば、「画像を変換する研究が多く行われている」や、「テキストを変換する研究はあまり行われていない」のような結果を集めることができる。また、『「生成」という単語を含む発表が24件あるのに対して、「変換」を含む発表は13件しかない』こと、ならびに『「変換」という単語との共起頻度が高い単語に「生成」という単語が現れず、両者は同時に用いられにくい傾向がある』ことから、『データを「変換」するより「生成」する研究に流れが移行しているかもしれない』という解釈を与えることもできる（「9. 結果の解釈」）。

7.4.3　大学講義における知識創発演習

大学および大学院のデータ分析に関わる講義や実験科目の中で、データ分析過程の学習と知識創発の体験に TETDM を用いることができる。実際に2019年度の人工知能学会全国大会の研究発表のタイトルとアブストラクトのテキストから、新しい研究テーマを考えてもらう課題を与え、知識創発を実践しても

らった例を示す。

　講義を受講する理系の大学生や大学院生に，まず TETDM の利用者向けチュートリアルをこなしてもらい，TETDM の使い方を覚えてもらった。つぎに，用意した 2019 年度の人工知能学会全国大会の研究発表のテキストを用いて，さまざまなツールを利用する中で気になる分析結果を集め，その意味を考えた解釈を 10 個程度を目安に収集してもらった。その後，知識創発インタフェースを用いて解釈を整理，統合して研究テーマのアイデアを考えてもらった。結果の収集から知識創発までは，約 2 時間で行ってもらった。

　最終的に創発された研究テーマの例を以下に示す。「ロボットの感情処理に向けては，ロボットの視界の画像処理が重要」という統合解釈から，「人の目の位置に取り付けたカメラ画像をもとに，人の表情や仕草を読み取って感情を理解する」というテーマ，また，「（ある画像の）類似画像を生成することは，システムの性能向上に繋がる可能性がある」という統合解釈から，「（ある言語の）類似言語を生成し，言語に関する識別を行うシステムの性能向上を目指す」というテーマなどが挙げられた。

　このように，入力テキストが用意された状態であれば，学生はデータ分析と知識創発に集中することができ，人工知能の専門知識がない学生にもデータから考えられる一定のアイデアを生成してもらうことができる結果となった。そのため，このような演習に TETDM を用いることで，アイデアを創発する手順を実践的に体験することができ，知識創発手順の理解を深めることができると考えられる。

7.5　電子カルテデータの分析

　TETDM を用いた分析の例として，ある病院との共同研究において，新人（経験年数 3 年以下）の看護師とベテラン（同 6 年以上）の看護師のカルテを比較して，効果的な電子カルテの書き方を分析する研究を行った事例[17]を紹介する。

7.5.1　電子カルテデータの分析の背景

病院内で日々蓄積される電子カルテに対して，その内容を評価するためには，人的リソースが足りず，有効に活用されないケースが多い。電子カルテの評価方法としては，評価項目を設定して5段階評価を与えるなど，数字を用いた定量的評価がまずは検討されるところとなる。しかし，「どのようにカルテを書くべきか」を表す知識は，最終的に言葉として表現する必要があるのに対して，数値データを分析しても，ある項目を重視するか否か以上の具体的な内容に踏み込んだ知識を得ることが難しい。そこでこの研究においては，電子カルテに付随する記載者の経験年数という数値データをもとにデータを絞り込んだうえで，新人とベテランの電子カルテに用いられやすい単語の情報をもとに，その傾向の分析を行った。

本研究は，23名の看護師が作成した382件の電子カルテ（「0. 蓄積データ」）について，新人とベテランの電子カルテに書かれている単語を分析し，両者の傾向を比較することで，よいカルテの書き方についての知見を得る目的で行われた（「1. 分析目的の決定」）。

7.5.2　電子カルテデータの分析手順と結果

分析の作業は，同病院に勤務する8名の医師および看護師に行ってもらった。分析においては，まず医療系の専門用語がTETDMの通常の辞書には登録されていないため，処理ツール「専門用語抽出（C-Value）」および，処理ツール「専門用語抽出（FLR）」を用いて専門用語の候補を抽出し，医師および看護師に実際の専門用語を選択してもらい，辞書への単語登録を行ってもらった。

その後，図7.13に示す可視化ツール「テキスト分類表示」の新人とベテランの地図を比較してもらったり，処理ツール「テキスト2分割」による，新人とベテランが用いる単語の違いを8名の医師および看護師に比較してもらった。その中で，新人がよく使っている単語とベテランがよく使っている単語，およびそれらが使われた理由をカルテの特徴として列挙してもらった。

最後に，挙げられた単語を表7.1と表7.2のように分類，整理することで，

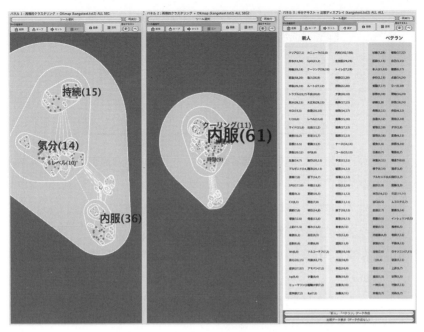

図 7.13 電子カルテの分析に用いた TETDM の出力画面（可視化ツール「テキスト分類表示」（左端のパネルが新人，中央のパネルがベテラン）と処理ツール「テキスト 2 分割」（右端のパネル，左の領域が新人で右の領域がベテラン））

表 7.1 新人作成のカルテの特徴

カルテの特徴	分析者	着目した単語
あいまいな言葉が多い	A,B,D, E,H	キロ，サイド，クリア，ルート，上記，BP，Bp
観察，測定したものをそのまま記載している	B,D,F	Kg，Wt，CV，BP，SpO2，低下，カニューラ，WC
具体的でない・詳細が記入されていない	C,D,E, G	トラブル，不良，少量，安定

以下の知見を得ることができた。

(1) 新人は自分中心の記述が多いが，ベテランは他者との繋がりを意識している。

(2) 新人は患者の訴えや計測値，観測したものをそのまま記載する傾向にある。

表 **7.2** ベテラン作成のカルテの特徴

カルテの特徴	分析者	着目した単語
他者との繋がり，医師とのやりとり	A,D,E F,G	医者，依頼，当直，医師，母親，家族，報告，Dr.
状態を表す記載が多い	A,B	発熱，閉眼，排尿
管理・安全など症状以外の事が書いてある	D,F,G	管理，確認

(3) 新人は略語なども多く，他者が見たときに統一した解釈ができるようにとの配慮が足りない。

(4) ベテランは見たままでなく，問題点や状態を明確に記載している。

(5) ベテランは安全や管理面なども幅広く記載している。

(6) 新人は任される範囲が少ないことも記載内容の違いに繋がっている可能性がある。

これらの得られた知見は，新人に電子カルテの書き方を教育する際に用いることができると考えられる。

7.5.3 現場の人によるデータ分析

本分析の重要なポイントの一つは，データ分析の専門家ではなく，現場の医師や看護師にシステムを利用してもらうことで分析を進めた点にある。

医療系の専門用語の知識を有しているのは現場の人間であり，データ分析の専門家には判断が難しい。そのため，必要な専門用語の抽出と辞書への登録は，現場の人間に行ってもらう必要がある。また，カルテの書き方において重要な単語がどれで，その単語がなにを意図して用いられたかについても，普段から電子カルテを記入している現場の人にしかわかり得ない点が多い。

この研究で用いた TETDM は，単語の辞書登録と図 7.13 の単語出力との切替えを行いやすいように，少ないボタンでツールが切り替えられるようにカスタマイズを行った。すなわち，データ分析の専門家が必要なツールを準備してデータ分析に必要な環境を整え，現場の人間が分析に集中できる環境を提供す

ることが，データ分析の専門家と背景知識を持つ現場の人間との理想的な連携の形の一つと考えられる。

●**7章のまとめ**●

7章では，TETDM によるデータ分析の実践と活用事例に関わる以下の項目について学んだ。

(1) 自由記述による商品レビューの分析を題材として，TETDM はレビューやアンケートなどの多くの人の意見の傾向の分析に役立てられること。

(2) 大学講義のレポート評価を題材として，TETDM は報告書や業務レポートなどの自動評価に役立てられること。

(3) 卒業論文のセルフチェックを題材として，TETDM は自分が書いた文章の推敲や，文章作成スキルの向上に役立てられること。

(4) 研究テーマの策定を題材として，TETDM は最新の動向情報を含むデータから新しいアイデアの生成に役立てられること。

(5) 電子カルテデータの分析を題材として，TETDM はデータ利活用の目的に特化したカスタマイズを行うことが可能であること。

●**章 末 問 題**●

【1】 データ分析による意思決定プロセスを説明してみよう。

【2】 自分自身の意思決定に関わるデータを用意して，データ分析による意思決定プロセスに基づいて，データを分析してみよう。

【3】 TETDM のゲームモードでランクを 1000 まで上げてみよう。

引用・参考文献

1) U. Fayyad, G. P. Shapiro, and P. Smyth: From data mining to knowledge discovery in databases, AI Magazine Vol.17, No.3, pp.37 – 54 (1996)

2) 砂山 渡, 高間康史, 徳永秀和, 串間宗夫, 西村和則, 松下光範, 北村侑也：統合環境 TETDM を用いた社会実践, 人工知能学会論文誌, Vol.32, No.1, NFC-A, pp.1 – 12 (2017)

3) 砂山 渡, 竹岡 駿, 西村和則：テキストマイニングのための統合環境 TETDM の利用意欲向上のためのゲームモードの開発, 日本知能情報ファジィ学会誌, Vol.29, No.2, pp.558 – 566 (2017)

4) 本橋智光：前処理大全―データ分析のための SQL/R/Python 実践テクニック―, 技術評論社 (2018)

5) 砂山 渡, 濱岡秀平, 奥田 澄：情報収集のためのテキストデータ集合の再帰的クラスタリング, 日本知能情報ファジィ学会誌, Vol.24, No.3, pp.697 – 706 (2012)

6) 砂山 渡, 谷内田正彦：文章の特徴を表すキーワードを発見して重要文を抽出する展望台システム, 電子情報通信学会論文誌, Vol.J84-D-I, No.2, pp.146 – 154 (2001)

7) 砂山 渡, 矢田勝俊：説得プロセス分析の枠組みと債権回収会話ログへの適用, 人工知能学会論文誌, Vol.22, No.2, pp.239 – 247 (2007)

8) 西原陽子, 佐藤圭太, 砂山 渡：光と影を用いたテキストのテーマ関連度の可視化, 人工知能学会論文誌, Vol.24, No.6, pp.480 – 488 (2009)

9) 伊藤 彩, 西原陽子, 大澤幸生：書き手の意見理解促進のためのアノテーション付与推奨箇所抽出手法, 第 25 回人工知能学会全国大会, 1B2-NFC3-6 (2011)

10) 安藤律子, 砂山 渡：多人数向けメッセージからの失礼表現の自動抽出, 第 3 回人工知能学会インタラクティブ情報アクセスと可視化マイニング研究会資料, pp.44 – 49 (2013)

11) J. Marguc, J. Forster, and G. A. Van Kleef: Stepping back to see the big picture: when obstacles elicit global processing, Journal of Personality and Social Psychology, Vol.101, No.5, pp.883 – 901 (2011)

12) 砂山 渡, 長田佳倫, 川本佳代：直感的な意味付けとその繰り返しにより問題の

考え方の理解と定着を促す学習システム，日本知能情報ファジィ学会誌，Vol.27, No.5, pp.723 – 733 (2015)

13) 川喜田二郎：発想法—創造性開発のために—，中央公論社 (1967)

14) 西山知志，砂山　渡：分析結果とその解釈の統合を支援する知識創発インタフェース，第 12 回人工知能学会インタラクティブ情報アクセスと可視化マイニング研究会資料，pp.41 – 46 (2016)

15) 砂山　渡，川口俊明，田村幸寛：レポートの課題との関連度と意見文抽出による情報量評価支援，電子情報通信学会論文誌，Vol.J93-D, No.10, pp.2032 – 2041 (2010)

16) 砂山　渡，川口俊明：内容の独自性の視覚化によるレポートの独自性評価支援システム，人工知能学会論文誌，Vol.23, No.6, pp.392 – 401 (2008)

17) 高間康史，串間宗夫，砂山　渡：TETDM を用いた電子カルテ分析支援ツールの開発と実カルテ分析での検証，人工知能学会論文誌，Vol.30, No.1, pp.372 – 382 (2015)

あ と が き

　本書では，意思決定に繋がるデータ分析および知識創発のプロセスについて述べた。データ分析は必ずしも専門的な知識を必要とはせず，われわれが日常的に行っている意思決定において，客観的な判断指標を加えるための一操作に過ぎない。

　本書を読み終えた方が，実際に直面している意思決定の場面において，効果的な判断を下すための手段を身につけていることを願う。また，データ分析の本質を理解した読者が，それを周りの人に伝えることで，より多くの人がデータ分析を行えるようになり，過ごしやすい社会の実現に向けて世の中が発展していくことを願っている。

　本書で紹介したテキストマイニングのための統合環境 TETDM についても，その普及が進むことで，たがいの分析方法に対する意見交換ができるようになり，より汎用的なあるいは斬新な知識に繋げやすくなったり，新たなツールの開発が進むことが期待される。さまざまな形で，ご支援を賜ることができれば幸いである。

　なお本書の図は白黒画像での掲載となっているが，オリジナルのカラー画像を TETDM サイト（https://tetdm.jp）上で公開している。また，データサイエンスの講義に本書を用いられる方のために，それらの図を含む PowerPoint によるスライドや，TETDM への入力に用いられるテキストデータも同サイト上で公開する予定となっており，積極的なご活用やご要望をいただけることを期待している。

　最後に，本書の執筆に際して，有益なご助言とご助力をいただいた方々，ならびに本プロジェクトにご協力いただいたコアメンバーの皆様への感謝をもって，本書を締めくくる。

索　引

―― 著者略歴 ――

1995年　大阪大学基礎工学部制御工学科卒業
1997年　大阪大学大学院基礎工学研究科博士前期課程修了（制御工学専攻）
1999年　大阪大学助手
2000年　博士（工学）（大阪大学）
2003年　広島市立大学助教授
2007年　広島市立大学准教授
2016年　滋賀県立大学教授
　　　　現在に至る

フリーソフト **TETDM** で学ぶ実践データ分析
 ― データサイエンティスト育成テキスト ―
Practical Data Analysis with the Free Software TETDM
 ― Training Text of Data Scientist ―　　　　　ⓒ Wataru Sunayama 2020

2020 年 3 月 27 日　初版第 1 刷発行　　　　　　　　　　　　　　★

検印省略	著　者　砂　山　　　渡
	発 行 者　株式会社　コ ロ ナ 社
	代 表 者　牛 来 真 也
	印 刷 所　三 美 印 刷 株 式 会 社
	製 本 所　有限会社　愛 千 製 本 所

112–0011　東京都文京区千石 4–46–10
発行所　株式会社　コ ロ ナ 社
CORONA PUBLISHING CO., LTD.
Tokyo Japan
振替 00140-8-14844 · 電話(03)3941-3131(代)
ホームページ　https://www.coronasha.co.jp

ISBN 978–4–339–02904–8　C3055　Printed in Japan　　　　　（新井）

シリーズ 情報科学における確率モデル

(各巻A5判)

■編集委員長　土肥　正
■編集委員　　栗田多喜夫・岡村寛之

定価は本体価格+税です。
定価は変更されることがありますのでご了承下さい。

図書目録進呈◆

コンピュータサイエンス教科書シリーズ

（各巻A5判，欠番は品切または未発行です）

■編集委員長　曽和将容
■編集委員　　岩田　彰・富田悦次

定価は本体価格+税です。
定価は変更されることがありますのでご了承下さい。

図書目録進呈◆

メディア学大系

(各巻A5判)

■**監 修**
（五十音順）

相川清明・飯田 仁（第一期）
相川清明・近藤邦雄（第二期）
大淵康成・柿本正憲（第三期）

定価は本体価格＋税です。
定価は変更されることがありますのでご了承下さい。

自然言語処理シリーズ

(各巻A5判)

■監修　奥村　学

定価は本体価格+税です。
定価は変更されることがありますのでご了承下さい。

図書目録進呈◆